Oswald Reissert

Das Weserbergland und der Teutoburger Wald

weitsuechtig

Oswald Reissert

Das Weserbergland und der Teutoburger Wald

ISBN/EAN: 9783943850932

Auflage: 1

Erscheinungsjahr: 2013

Erscheinungsort: Bremen, Deutschland

@ weitsuechtig in Access Verlag GmbH, Fahrenheitstr. 1, 28359 Bremen. Alle Rechte beim Verlag und bei den jeweiligen Lizenzgebern.

weitsuechtig

Das Weserbergland und der Teutoburger Wald
von O. Reißert

Mit einer geologischen
Übersicht von H. Stille

Mit 123 Abbildungen nach photographischen
Aufnahmen und einer farbigen Karte

1909

Bielefeld und Leipzig

Verlag von Velhagen & Klasing

Druck von Fischer & Wittig in Leipzig.

Inhalt.

		Seite
I.	Einleitung	3
II.	Der geologische Bau des Weserberglandes und des Teutoburger Waldes. Von Dr. H. Stille	5
III.	Klima und Gewässer	19
IV.	Der Wald	27
V.	Bäuerliche Verhältnisse	35
VI.	Geschichtliches	56
VII.	Die Weser von Münden bis Herstelle. Transfelder Höhenland und Reinhardswald	63
VIII.	Solling, Homburg und Vogler	74
IX.	Die Weser von Herstelle bis Hameln	78
X.	Die Hilsmulde	84
XI.	Osterwald, Deister und Bückeburg	89
XII.	Von Hameln nach Osnabrück. Süntel, Weserkette und Wiehengebirge	94
XIII.	Osning, Teutoburger Wald und Egge	110
XIV.	Zwischen Teutoburger Wald und Weser	119

Literatur		125
Verzeichnis der Abbildungen		126
Register		128
Karte des Weserberglandes und des Teutoburger Waldes.		

Abb. 1. Das Hermannsdenkmal im Morgennebel.
Meyrichschen Hofbuchhandlung (H. Knöner) in Detmold. (Zu Seite 116.)

I. Einleitung.

Dieses Buch soll meiner Heimat gehören. Auf einem Hügel, der das breite, wie ein ausgetrockneter See daliegende Wesertal überblickt, dort, wo die Ufer den Strom vor seinem Scheiden aus der bergigen Umgebung zum letzten Male mit allen ihren Reizen umkränzen, stand meiner Eltern Haus. Dort empfing der kleine Knabe, der einst die Unterhaltung der Erwachsenen über die Schönheit der Gegend belauschte, auf sein Eingeständnis: „Ich weiß wohl, was eine Gegend ist; aber was eine schöne Gegend ist, das verstehe ich nicht", eine für sein Alter ausreichende Erklärung mit dem Hinweis auf die weite Fernsicht vom Altan des väterlichen Hauses. Später ging ihm das Verständnis für andere Reize seines Heimatgaues auf. Auf Spaziergängen durch den Buchenhochwald hob sich der Blick von dem Boden, wo süße Beeren lockten, zu den Domgewölben der hohen Wipfel empor, und die Obstbaumpflanzungen, in denen manches der benachbarten Dörfer sich schier versteckte, erfreuten nicht nur im Sommer und Herbst den Gaumen mit ihren süßen Gaben, sondern auch im Frühling das Auge mit der weißen Pracht ihrer Blüten. Ein anregender erdkundlicher Unterricht lehrte die Silhouette der bläulichen Weserkette, die sich in rhythmisch bewegter Wellenlinie in die Ferne schwingt, und die in dem Teutoburger Walde drüben ihr ebenbürtiges Gegenstück hat, als bewundernswerten Zug des heimischen Landschaftsbildes erfassen und die ehrwürdigen Reste einstiger Ritterburgen, Stadtbefestigungen und sonstiger baulichen Zeugen der Vergangenheit mit frommer Scheu betrachten, während an schulfreien Tagen sich jugendlicher Wander- und Wagemut von hohen Kuppen, schroffen Klippen und dunklen Höhlen angezogen fühlte. Die ersten Reisen aber trugen dem Jüngling die Erfahrung ein, daß weder jene farbenprächtigen Volkstrachten noch jene behaglichen Gehöfte, in denen sich der bäuerliche Wohlstand Westfalens und Lippes zeigte, und die er als etwas Selbstverständliches hingenommen hatte, in gleicher Weise in anderen Gegenden wiederkehrten, und diese Erkenntnis erfüllte ihn mit frohem Stolze.

Jene Zeiten, in denen sich so die Vorstellung der Heimat als eines eigenartigen Stückes Erde und die Liebe zu eben diesem Teile deutschen Bodens gleichzeitig mit dem Menschen selber, mit seinen körperlichen und geistigen Kräften, entwickelte, liegen lange hinter mir. Aber auch in den späteren Jahrzehnten hat mich zwischen manchen Reisen in andere Gebiete deutschen und außerdeutschen Landes doch die Wanderlust wieder und wieder nach der roten Erde und an die Gestade des freundlichen Stromes geführt; trotz aller großartigeren Eindrücke erhabenerer Natur habe ich mich dem Zauber jener idyllischen Mittelgebirgslandschaften nie zu entziehen vermocht, sei es daß junges Buchengrün die kindlichen Hügelformen zart umkleidete, sei es daß bei Julisonnenschein der Segen der Felder seine goldenen Wogen im leichten Winde fluten ließ, mochte der Bergwald in prächtigem, gelbbraunem Herbstschmuck dastehen, oder mochten die hochstämmigen Fichten von bärtigem Rauhfrost behängt sein. Freilich liegt in dieser Vorliebe eines einzelnen für eine Landschaft, zumal wenn sie die Stätte seiner Knabenspiele gewesen ist, noch kein Beweis dafür, daß sie auch des Interesses anderer wert sei. Der Gefahr aber, daß die Heimatliebe zum „Lokalpatriotismus" werde — ein häßliches Wort! — entgehen wir am besten, wenn wir uns bemühen die wirklichen Verhältnisse zu erkennen, wenn wir die Natur der einzelnen Bergzüge und Täler, ihr Alter und ihr Werden zu verstehen suchen, wenn wir das organische Leben in seiner Abhängigkeit von Bodengestalt, Bewässerung und Klima betrachten und wenn wir endlich das menschliche Leben der Vergangenheit und der Gegenwart in seiner Bedingtheit durch die Summe aller jener natürlichen Voraussetzungen studieren. Dieser Aufgabe ist das vorliegende Buch gewidmet, wenigstens in erster Linie. Mag es daneben auch dem Zwecke dienen, das Interesse der Reisenden auf jene Gegenden zu lenken. In diesem Sinne möchte ich mich dem Rinteler Gymnasiallehrer Ludwig Boclo anschließen, der im Jahre 1844 einen „Begleiter auf dem Weserdampfschiffe" herausgab und bereits damals klagte, daß die Schnelligkeit des Reisens „in der neuesten Zeit" leider der Götze geworden sei, welchem jede Gemütlichkeit, jeder Naturgenuß, jede ruhige Auffassung und Beschauung geopfert werde. „Eine große innige Freude," schreibt er, „würde es dem Unterzeichneten (welcher die körperlich=psychische und gemütlich erweckende und wiederbelebende Kraft des Reisens seit 40 Jahren an sich und anderen erfahren hat) gewähren, wenn er bei recht vielen das Verlangen erregen und das vorhandene noch steigern sollte, eine der deutschesten Gegenden des gemeinsamen Vaterlandes auf eine so anmutige Weise" (d. h. zu Schiffe) „kennen zu lernen." Diese Worte wurden in einer Zeit geschrieben, in welcher die landschaftlichen Schönheiten jenes westfälisch=niedersächsischen Grenzgebietes noch nicht lange zuvor entdeckt worden waren. Im Jahre 1835 hatte George Osterwald seine „Gallerie von Weseransichten" und J. C. Th. Piderit seine „Geschichtlichen Wanderungen durch das Wesertal" in Rinteln erscheinen lassen.

Am Anfang der Pideritschen Schrift stand als Gruß an den Leser anonym Franz Dingelstedts später so bekannt gewordenes Gedicht, das mit der Strophe beginnt:

Ich kenne einen deutschen Strom,   Ihn hat nicht, wie den großen Rhein,
Der ist mir wert und lieb vor allen,   Der Alpen dunkler Geist beschworen,
Umwölbt von ernster Eichen Dom,   Ihn hat der friedliche Verein
Umgrünt von kühlen Buchenhallen.   Verwandter Ströme still geboren.

Sieben Jahre später (Cassel 1842) gab Dingelstedt, wiederum ohne seinen Namen, das Buch „Das Wesertal von Münden bis Minden" heraus. In ihm macht er es sich zur Aufgabe, des „Sängers Fluch" zu lösen, d. h. jenes bekannte Wort Schillers in seinen deutschen Wasser=Xenien, daß von der Weser gar nichts zu sagen sei, zu widerlegen. Schon im Herbste 1839 hatte Ferdinand Freiligrath seine begeisterte Einleitung zu Levin Schückings, im Jahre 1841 zuerst veröffentlichtem Buche „Das malerische und romantische Westfalen" verfaßt, in der er unter anderem die Schönheit der Porta Westfalica dithyrambisch preist. Die Wirkung all dieser Bücher war ungeheuer, und als im Jahre 1844 die Weserdampfschiffahrt, 1846 die Cöln=Mindener Bahn eröffnet worden waren, konnten Westfalen und Weserbergland als Ziele für Vergnügungsreisen ernstlich in Frage kommen.

Wenn der Titel unseres Buches als Gegenstand dieser Arbeit das Weserbergland und den Teutoburger Wald nennt, so sind wir uns einer gewissen unvermeidbaren Willkür in der Fassung der Aufgabe bewußt. Wir verstehen unter Weserbergland die hügeligen Landschaften, welche von dem Zusammenfluß der Werra und Fulda an beiderseits die Weser nach Norden zu begleiten, und zwar im Osten bis an den Rand der von der Leine durchflossenen Göttinger Senke, im Westen bis an die Münstersche Bucht und im Norden bis an die Norddeutsche Tiefebene. Der Teutoburger Wald ist besonders genannt, weil er — wie allerdings auch das Wiehengebirge und seine namenlose westliche Fortsetzung — sich weit von der Weser entfernt und in das Gebiet der Ems hineinragt. Sind die Grenzen unseres Berglandes nach Westen und Norden durch den Beginn der Tiefebenen ohne weiteres gegeben, und kann man sich das Leinetal als Scheide gegen das ostfälische Harzvorland immerhin gefallen lassen, so hat die Grenze nach Süden insofern etwas Willkürliches, als man dem hessischen Berglande, dessen nördliche Fortsetzung die Weserberge bilden, vielfach den Solling, den Reinhardswald, das Eggegebirge nebst dem Rethgau zurechnet, andererseits aber zum mindesten der Kaufunger Wald, wenn nicht gar der Meißner, es verlangen könnte, den Paten zugesellt zu werden, welche die Wiege der Weser umstehen.

Das so umgrenzte Gebiet stellt ungefähr ein rechtwinkeliges Dreieck dar, dessen Scheitelpunkt südlich von Hannover bei Bennigsen am Deister zu suchen

Umgrenzung des Gebiets. Geologie.

ist, während die anderen beiden Ecken in Münden und in Bevergern bei Rheine liegen. Von Bennigsen beträgt die Luftlinie bis Münden etwa 100, bis Bevergern 140 km. Das ganze Gebiet wäre also annähernd 7000 qkm groß. Auf diesem Raume wechseln nun die mannigfachsten Geländeformen: langgestreckte Bergzüge, hier schroff abfallend, dort sanfter geneigt, ferner Plateaus und flachgerundete Kuppen, sowie förmliche Kegel, endlich engere und weitere Fluß- und Bachtäler. Frischer Laub- und ernster Nadelwald werden abgelöst von üppigen Fruchtfeldern. Neben dürftig bewachsenen und spärlich besiedelten Strichen finden sich dicht bevölkerte Gegenden mit reich entwickeltem Ackerbau oder beachtenswerter Gewerbetätigkeit.

Ohne der Einzelbeschreibung vorzugreifen, oder auf das Geologische schon jetzt näher einzugehen, werden wir versuchen müssen, uns vorläufig in diesem Wirrwarr zu orientieren. Beginnen wir rechts von der Weser. Dort, wo die Leine gerade bei ihrem Übergang aus westlicher in nördliche Richtung sich der Werra am meisten nähert — die Eisenbahn Göttingen-Bebra überschreitet hier bei Eichenberg die Wasserscheide — können wir die Grenze zwischen Eichsfeld und Weserbergland annehmen. Dieses letztere beginnt mit einer von Basaltkuppen bekrönten Hochfläche ohne volkstümlichen Gesamtnamen, für die wir die Bezeichnung Transfelder Höhenland annehmen wollen. Nördlich davon liegt die Sandsteinhochebene des Sollings. Im Osten ist diesem Gebirge der nord-südlich verlaufende Muschelkalkrücken der Weper vorgelagert. Im Norden streichen die beiden Parallelketten der Grubenhagener Berge, sowie etwas entfernter der Elfas, die Homburggruppe und der Vogler, von Südost nach Nordwest zur mittleren Weser. Hieran schließt sich die felsberühmte, langgestreckte Ellipse der Hilsmulde. Eine breite Senke scheidet sie vom Osterwald und Kleinen Deister. Diesen trennt ein enger Paß vom eigentlichen Deister, dessen nach Südwest umgebogenes, durch das Auetal abgeschiedenes Gegenstück der Bückeberg bildet. Etwas weiter südlich beginnt mit dem Süntel jener lange Zug, der sich als Weserkette bis zur Porta Westfalica hinzieht.

Am linken Weserufer liegt dem Transfelder Höhenland gegenüber der Reinhardswald. Sein Westabhang leitet über zu jenem langgestreckten, welligen Gelände, das sich zwischen der Weser einerseits und den Kämmen der Egge und des Teutoburger Waldes anderseits hinzieht und sich gliedern läßt in Warburger Börde, Höxtersches Hügelland (oder Paderborner Hochfläche) und Lippisches Hügelland. Die westliche Fortsetzung dieses Landstriches ist dann das Ravensbergische und Osnabrückische Hügelland; seine südliche Begrenzung gegen das Münsterland bildet auch hier der Teutoburger Wald, in jenem westlichen Teile meist Osning genannt, und zwar bis zu seinem Ende in der Nähe der Ems bei Bevergern, die nördliche der auf dem linken Ufer des Stromes liegende Teil der Weserkette, streckenweise Wiehengebirge genannt.

Dieses bunte orographische Bild in seinen Einzelzügen zu verstehen, kann uns nur der Geologe lehren. Wir werden zunächst seinem Vortrage zu lauschen haben.

II. Der geologische Bau des Weserberglandes und des Teutoburger Waldes.
Von Professor Dr. H. Stille-Hannover.

Die topographische Vielgestaltigkeit des Berg- und Hügellandes zwischen Teutoburger Wald, Leinetal und Norddeutscher Tiefebene, des Weserberglandes, steht in engstem Zusammenhange mit der Mannigfaltigkeit des geologischen Aufbaues. Zwar ist die Zahl der Formationen, die ausgedehntere Flächen bedecken, keine ungewöhnlich große, und haben wir es in der Hauptsache nur mit den Sedimenten des Mittelalters der Erde, der mesozoischen Zeit, zu tun; aber die Lagerungsverhältnisse sind äußerst mannigfaltiger Art und teilweise nur schwierig

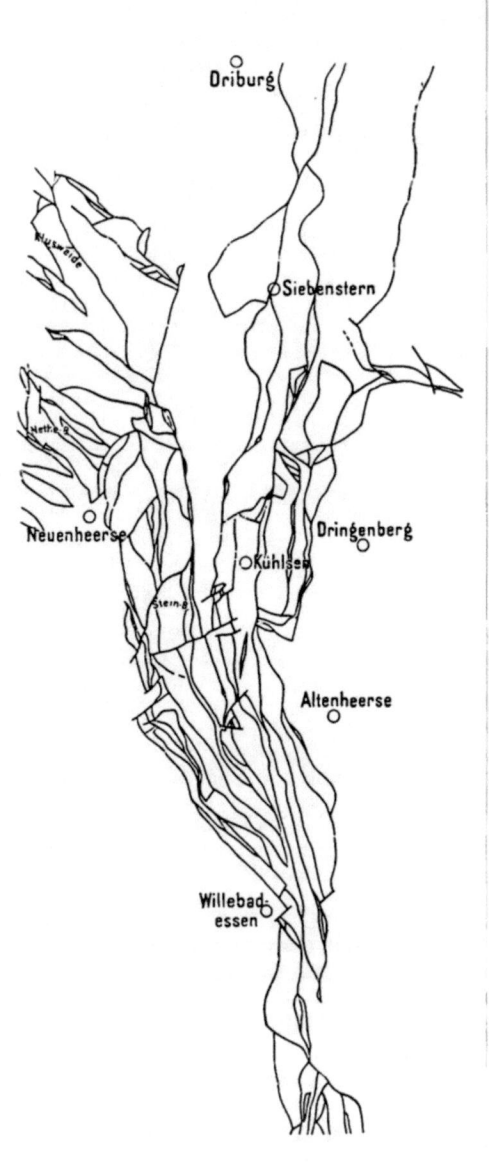

Abb. 2. Das Verwerfungssystem entlang dem Egge-Gebirge zwischen Driburg und Willebadessen, aufgenommen von H. Stille 1903—1904. Maßstab etwa 1 : 80000.

deutbar. Faltungen sind nach wechselnden Richtungen eingetreten und Verwerfungen durchsetzen den Boden in solcher Zahl, daß er stellenweise als ein förmliches Mosaik durcheinandergewürfelter Schollen erscheint. Abbildung 2 zeigt ein System von Verwerfungen aus dem östlichen Vorlande des Eggegebirges, das den Untergrund dort in hunderte einzelner Schollen zerreißt. An den durch tektonische Kräfte gegeneinander verschobenen Schollen haben dann die Kräfte der Abtragung oder Denudation angesetzt, um das wechselvolle Bild unserer Landschaft hervorzuzaubern. Weiches Material ist ihnen leicht zum Opfer gefallen, hartes hat Widerstand geleistet und ist damit aus den umgebenden mürberen Schichten zu den lang sich hinziehenden Bergrippen und gedrungeneren Kuppen herausgearbeitet worden, die heute das bestimmendste Element der Landschaft ausmachen. In der Hauptsache bedingt also die wechselnde Widerstandsfähigkeit der Schichtkomplexe das heutige Relief; gegenüber ihrer Nachbarschaft gesunkene Komplexe, wie der Hils, können dabei als hochragende Bergzüge erscheinen, sobald nur widerstandsfähiges Material sie zusammensetzt, während die Linien geologisch höchster Heraushebung oft genug in Talungen verlaufen, falls mürbe Schichten, wie z. B. Röt, in ihnen liegen. Der Betrag der Heraushebung*) der Schollen und Schollenkomplexe drückt sich in der Verteilung der Formationen an der Tagesoberfläche aus, und es liegt auf der Hand, daß in den Gebieten höchster Heraushebung uns die ältesten, in den Senkungsgebieten die jüngeren Schichten entgegentreten.

Vorpermisches „Grundgebirge" nimmt weitere Flächen erst etwas außerhalb des Wesergebirgslandes im Harz und Rheinischen Schiefergebirge ein, erscheint in unserem Gebiete aber nur in drei kleineren Vorkommnissen in der Gegend von Osnabrück. Hier sind die Ibbenbürener Bergplatte, der Piesberg und der Hüggel aus kohlenführenden Konglomeraten, Sandsteinen und Schiefertonen des Oberen oder Produktiven Karbons zusammengesetzt, und nach den Floren, die diese Schichten umschließen, haben wir es mit dem oberen Teile der sogenannten „Saarbrücker Stufe" zu tun. An der Ibbenbürener Bergplatte geht heute noch der Bergbau auf Flöze des Oberkarbons um, während dieser am Piesberg vor etwas mehr als einem Jahrzehnt zum Erliegen gekommen ist, und am Hüggel das Vorhandensein von Flözen bisher nur durch Tiefbohrungen festgestellt wurde.

Von der Dyas fehlt die untere Stufe, das Rotliegende, gänzlich, und auch gewisse rotgefärbte Schichten des Hüggels, die lange für Rotliegend galten, sind nach neueren Feststellungen nicht hierzu, sondern zum Oberkarbon zu rechnen. Die Zechsteinformation, der obere Teil der Dyas, ist im Umrandungsgebiete der Oberkarboninseln von Osnabrück vorhanden, wo sie am Hüggel und der Ibbenbürener Bergplatte die Braun- und Spateisensteinlager umschließt, die zur Gründung der Georgsmarienhütte geführt haben, und findet sich ferner in vereinzelten kleinen Schollen bei Bonenburg am südlichsten Eggegebirge und im Gebiete des Sollings. Einen Gipsstock, der dieser Formation angehört, finden wir bei Stadtoldendorf an der Homburg, wo der Gips in großen Brüchen gewonnen wird. Dem oberen Teile des Zechsteins gehören die Stein- und Kalisalzlager an, die im Leinetale in den letzten Jahren nachgewiesen und Gegenstand des Bergbaues geworden sind.

Die Trias, der tiefste Teil der mesozoischen Formation, nimmt mit ihren drei Gliedern, Buntsandstein, Muschelkalk und Keuper, so ziemlich das ganze Gebiet zwischen dem Teutoburger Walde einerseits, Weserkette, Süntel, Ith und Hils anderseits ein. Der Buntsandstein setzt die Höhen des Sollings und Reinhardswaldes und weiter nördlich Elfas und Vogler zusammen und bildet auch die Hänge des Wesertales zwischen Münden und Holzminden, bei Bodenwerder und weiter nördlich. Bei Bad Pyrmont stecken die Sandsteine dieser Formation in der Tiefe des Talkessels, während die angrenzenden Hänge in ihrem unteren Teile von den rötlichen Tonen des oberen Buntsandsteins oder Röts gebildet werden, und auch am Teutoburger Walde ist die Buntsandsteinformation vielfach nachweisbar. Der weitverbreitete Muschelkalk tritt am geschlossensten zwischen Solling und Teutoburger Wald auf und trennt hier als „Brakeler Muschelkalkschwelle" die beiden großen Keupermulden des Gebietes zwischen Teutoburger Wald und Weser, die sogenannte Keupermulde von Borgentreich, die etwa mit der fruchtbaren „Warburger Börde" zusammenfällt, und die Lippische Keupermulde. Letztere nimmt fast das ganze Gebiet zwischen der Weser und ihrem linken Nebenflusse, der Werre, ein, und nur lokal, wie z. B. bei Pyrmont, ist der Keuper durch Aufwölbungen älterer Triasschichten unterbrochen. In dem stark welligen und landschaftlich sehr reizvollen Berglande, das die Bahnen Hameln-Altenbeken

---

*) Die Begriffe „Hebungsgebiet", „Senkungsfeld", „gehoben", „gesunken" sind im folgenden nicht absolut, sondern nur relativ in dem Sinne zu verstehen, daß sie die heutige Lage der Schollen zu ihrer Nachbarschaft zum Ausdrucke bringen sollen. Unerörtert bleibt dabei, ob z. B. ein „Hebungsgebiet" tatsächlich etwas Herausgehobenes ist oder etwas Stehengebliebenes, während die benachbarten Komplexe in die Tiefe sanken. Die obigen Begriffe sollen also nur den heutigen Zustand ausdrücken, nicht aber den Vorgang, der diesen Zustand schuf.

Abb. 3. Keuperlandschaft bei Aerzen, südwestlich von Hameln. Die höhere Bergstufe wird vom Rhät (Oberer Keuper), die tiefere von Schilffandstein (Mittlerer Keuper) gebildet.
Nach einer Photographie von H. Stille 1908.

und Hameln-Lage durchschneiden, finden wir die schönsten Beispiele der Abhängigkeit der Bodengestaltung von der Zusammensetzung des Untergrundes, indem die Niederungen von den mürben Mergeln und Tonen, die Höhen von den Sandsteinen und Quarziten des Keupers zusammengesetzt werden (Abb. 3). Namentlich die technisch recht wertvollen Quarzite des oberen Keupers oder Rhäts decken häufig die Bergkuppen, wie den Klüt bei Hameln, die Lemgoer Mark bei Lemgo, Winterberg, Herrmannsberg und Schwalenberger Wald südwestlich von Pyrmont und den Köterberg bei Holzminden, eine der höchsten Kuppen zwischen Harz und Rheinischem Schiefergebirge. Ferner hat der Keuper zwischen Osning und Wiehengebirge in der Gegend von Melle und Osnabrück recht erhebliche Verbreitung.

Vom Jura bestehen die untere und mittlere Abteilung, der Lias (Schwarzer Jura) und der Dogger (Brauner Jura), vorwiegend aus mürben Tonen, die obere Abteilung, der Malm (Weißer Jura), aber vorwiegend aus festen Kalken, und so ist es nur natürlich, daß erstere im allgemeinen in Talungen und an flachen Hängen zu suchen sind, während der Malm Bergzüge bildet. Das Einbeck-Markoldendorfer Becken, das dem Solling nach Nordosten vorgelagert ist, die Liaspartien im östlichen Vorlande des Eggegebirges und die Herforder Liasmulde zwischen Bielefeld und Herford sind Beispiele für Niederungsgebiete der älteren Juraschichten, während die lang sich hinziehende Bergkette des Ith zwischen Coppenbrügge und Eschershausen, der Kahnstein und der Selter, der Deister bei Springe, der Saupark (Abb. 6) und die Weserkette (Abb. 4) vom Weißen Jura gekrönt werden. Vorwiegend ist es der sogenannte Korallenoolith des Weißen Jura, der die Felsklippen am obersten Hange der genannten Bergzüge zusammensetzt, so die Tielmisser Felsen, Hammersluft, Poppenstein und Mönchsstein am Ith, den Bielstein am Deister, den Hohenstein und die Luhdener Klippen an der Weserkette. In der Weserkette westlich der Porta Westfalica, d. h. im Wiehengebirge, und auch schon etwas östlich der Porta erreichen in dem vorwiegend aus Tonen bestehenden Dogger harte Sandsteine (Portasandsteine) eine erheblichere Mächtigkeit und setzen stellenweise wie an der Porta den Gebirgskamm zusammen, und ein anderer fester Horizont des Braunen Jura, das aus eisenschüssigen Kalksandsteinen bestehende „Cornbrash", bildet weithin kleine Vorberge zur Hauptkette.

Im Gegensatz zu der ziemlich erheblichen Mächtigkeit des Weißen Juras in der Weserkette steht die geringe Entwicklung dieser Formation am Teutoburger

Walde, in dessen südlichem Teile, dem Eggegebirge, sie überhaupt nicht bekannt ist. Teilweise mag die Ablagerung dieser Schichten unterblieben sein, teilweise sind aber auch Wiederzerstörungen bald nach erfolgter Ablagerung, teilweise auch Verwerfungen der Grund der heutigen Lückenhaftigkeit der Weißjuraprofile.

An der Basis der Kreideformation, des obersten Teiles der mesozoischen Formationsgruppe, liegt in Nordwestdeutschland der sogenannte Wealden, der im Gegensatz zu allen ihn überlagernden Kreideschichten in der Hauptsache keine Bildung des Meeres, sondern eine solche festländischer Sümpfe ist. Das Hauptglied ist der Wealdensandstein, auch Deistersandstein genannt, der die Höhen der Bückeberge, des Deisters, des östlichen Süntels, des Nesselberges und Osterwaldes zusammensetzt und hier Kohlenflöze umschließt, die z. B. bei Obernkirchen, Barsinghausen und am Osterwalde Gegenstand des Bergbaues sind. Neben dem Sandstein finden sich auch Schiefertone, und zwar entweder nur im obersten Teile, wie am Osterwalde und südöstlichen Deister, oder im obersten und untersten Teile, wie am Süntel, im nordwestlichen Deister und in den Bückebergen.

Die Landschaftsentwicklung im Weißjura=Wealdengebiete ist eine verschiedene, je nachdem die stellenweise sehr mächtige Folge der mürben „Münder Mergel" zwischen den Kalken des Weißen Juras und den gleichfalls vorwiegend festen Gesteinen des Wealden vorhanden ist oder nicht. In ersterem Falle, den wir als den Normalfall bezeichnen können, haben wir zwei Parallelzüge, deren einer aus Weißjuraschichten, deren anderer aus Wealdensandstein besteht und die durch eine vorwiegend von Münder Mergeln erfüllte Niederung getrennt sind. Diesen Fall beobachten wir z. B. in der Linie Rinteln=Bückeburg (Abb. 4), wo die Weserkette aus Weißem Jura, der Parallelzug des Harrl aus Wealden besteht und die trennende Niederung, in der Bad Eilsen liegt, im Untergrunde in der Hauptsache die Münder Mergel enthält, oder südwestlich Springe, wo den Saupark der Weiße Jura, den Nesselberg der Wealden und das Längstal zwischen beiden die Münder Mergel zusammensetzen (Abb. 5 und 6, westlicher Teil). Ein solches Längstal fehlt natürlich, wo die Münder Mergel nicht vorhanden sind, und so verschmelzen z. B. am südöstlichen Deister Weißjura und Wealden zu einem einheitlichen Zuge (Abb. 6, östlicher Teil). Das Fehlen der Münder Mergel und anderer Weißjuraschichten ist dabei durch Abtragungen vor Ablagerung des Serpulits, des obersten Gliedes des Weißen Juras, bedingt, der vielfach diskordant ältere Schichtkomplexe überlagert. Westlich Bückeburg nehmen die mürben Schiefer gegenüber den Sandsteinen immer mehr überhand, und im Zusammenhang damit verflacht sich der weiter östlich hochaufragende Wealdenzug der Bückeberge und verschwindet mit der Klus bei Bückeburg schließlich ganz unter dem Diluvium der Norddeutschen Tiefebene.

Am Teutoburger Walde kennen wir Wealden etwa erst von Orlinghausen an nordwestwärts; namentlich südlich Osnabrück nimmt er weite Flächen ein und bildet dabei auch höhere Berggruppen. Der früher an mehreren Orten umgehende Bergbau auf die Wealdenkohlen des Teutoburger Waldes ist jetzt ganz zum Erliegen gekommen.

Das Neokom, der untere Teil der marinen Unteren Kreide, tritt in zweierlei Fazies auf, und zwar als Ton entlang dem Nordfuße der Bückeberge und des

Abb. 4. Profil durch Weserkette und Bückeberge.
Maßstab der Längen ca. 1:50000, der Höhen ca. 1:25000. 1 = Brauner Jura. 2 = Weißer Jura, ausschließlich Münder Mergel und Serpulit. 3 = Münder Mergel. 4 = Serpulit. 5 = Unterer Wealdenschiefer. 6 = Wealdensandstein. 7 = Oberer Wealdenschiefer. 8 = Neocomton.

Kreidezeit.

Abb. 5. Blick vom Deister über das Tal von Springe (Lias und Dogger) zum Saupark (mittlerer Bergzug, Weißer Jura) und Nesselberg (hinterer Bergzug, Wealden). Zwischen Saupark und Nesselberg liegt das von Münder Mergel erfüllte Längstal (s. Abb. 6). Nach einer Photographie von F. Schöndorf 1908.
(Zu Seite 9.)

Deisters, am Süntel, Osterwalde und Hils, als Sandstein am Teutoburger Walde. Dementsprechend ist die landschaftliche Erscheinungsform eine völlig verschiedene. Den Untergrund von Niederungsgebieten bildet er bei Bückeburg, Stadthagen und in der Deistermulde zwischen Deister einerseits, Stemmer und Gehrdener Berg anderseits, aufragende Bergzüge bezeichnen seinen Verlauf entlang dem Teutoburger Walde von der Burg Blankenrode im äußersten Süden bis Bevergern östlich der Ems. Als ununterbrochenes Band krönt der Teutoburgerwaldsandstein, der von Altenbeken an nordwärts außer dem Neokom noch den tiefsten Teil der folgenden Stufe, des Gault, umfaßt, den östlichen Steilhang des Eggegebirges und bildet hier die Wasserscheide zwischen Weser und Rhein; die Felsnadeln der Externsteine bei Horn bestehen aus ihm, wie weiterhin ganz oder zum größten Teile der Stemberg bei Berlebeck, die Grotenburg bei Detmold, der Tönsberg bei Erlinghausen, die Hünenburg bei Bielefeld, der Barenberg bei Borgholzhausen und der Dörenberg bei Iburg.

Der Gegensatz zwischen der Sandsteinfazies des Neokoms am Teutoburger Walde und der Tonfazies in den nordöstlich liegenden Gebieten findet seine einfache Erklärung dadurch, daß im Gebiete des heutigen Westfalens ein Festland entstanden war und in dessen Umrandungsgebiete, d. h. dort, wo sich heute der Teutoburger Wald erhebt, Sande und Geröllagen sedimentiert wurden, während in die küstenferneren Gebiete nur noch die feineren tonigen Materialien transportiert werden konnten.

Den oberen Teil der Unteren Kreide, den Gault, finden wir am Hils zu unterst durch den „Hilssandstein" vertreten, der hier den Kamm mit der höchsten

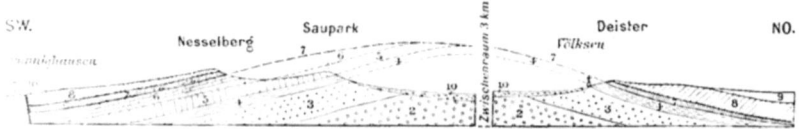

Abb. 6. Der Deister-Saupark-Sattel. (Zu Seite 9 u. 18.)
Maßstab ca. 1:125000. 1 = Mittlerer Keuper. 2 = Lias. 3 = Dogger. 4 = Oxford. 5 = Kimmeridge, Gigasschichten und Plattenkalke. 6 = Münder Mergel. 7 = Serpulit. 8 = Wealden. 9 = Neocom. 10 = Diluvium. Zur Abkürzung des Profiles ist die Verwerfung zwischen Keuper und Wealden, die erst südwestlich Brünnighausen durchsetzt, etwas nach Nordosten verschoben.

Erhebung, der „Bloßen Zelle", zusammengesetzt, und ferner durch „Minimuston" und „Flammenmergel"; dem Hilssandstein entspricht an der südlichen Egge, so am Altenbekener Tunnel, ein glaukonitischer, sandiger Ton, am übrigen Teutoburger Walde der obere Teil des Teutoburgerwaldsandsteins, dem Minimuston bei Altenbeken und weiter südlich der rotgefärbte „Gaultsandstein", am übrigen Teutoburger Walde der „Grünsand des Osnings", und Flammenmergel ist am ganzen Teutoburger Walde in ähnlicher Entwicklung, wie am Hils, vorhanden.

Von der oberen Kreide sind Cenoman und Turon in der Hauptsache durch hellgefärbte, teils etwas mergelige Kalke, sogenannte „Pläner", vertreten. Diese setzen am Hils bei Grünenplan und Kaierde den Heimberg, Idtberg und Fahrenberg zusammen und haben ihre weiteste Verbreitung am Teutoburger Walde. Dort bauen sie im Hinterlande der Egge die gesamten Bergrücken bis hin zur Senne auf, die hier an Höhe hinter dem Kamm des Teutoburgerwaldsandsteins etwas zurückbleiben, während am Osning der Pläner in gezackten Kämmen vielfach den ihm nördlich parallel verlaufenden Sandstein überragt. An der Basis der Plänerformation bilden die Cenomanmergel infolge der geringen Widerstands-

Abb. 7. Das Längstal der Cenomanmergel bei Verlebeck im Teutoburger Walde.
Nach einer Photographie von H. Stille 1908.

fähigkeit gegen die Verwitterung ein Längstal zwischen dem Bergzuge der Untern Kreide und den Plänerbergen, das am ganzen Teutoburger Walde als höchst charakteristisches Landschaftselement zu verfolgen ist (Abb. 7). In ihm liegen an der Egge die Ortschaften Herbram, Schwaney, Bule, Altenbeken, Feldrom, und hier hat es bei flacher Lagerung der Schichten eine erhebliche Breite, während es am Osning bei steiler Stellung der Schichten und entsprechender Verschmälerung ihres Ausgehenden weniger breit, aber nicht minder deutlich verfolgbar ist.

Das Senon ist im Gebiete des Teutoburger Waldes durch die wenig widerstandsfähigen „Emscher Mergel" vertreten, und es ist nur natürlich, daß in der Linie Brackwede-Schlangen-Lippspringe-Paderborn, in der es an die harten Pläner des Teutoburger Waldes angrenzt, das Gebirge seinen Süd- beziehungsweise Ostrand erreicht und die weite Ebene beginnt, die unter einer zum Teil recht mächtigen Decke von Quartärbildungen die senonen Schichten enthält.

Tertiärgebirge ist nur in vereinzelten, meist versenkten Schollen bekannt, von denen diejenige von Bünde in Westfalen wegen ihres großen Reichtums an oberoligocänen Versteinerungen besondere Berühmtheit erlangt hat. In die Tertiärzeit fallen auch die Ergüsse basaltischer Gesteine, die wir im südlichsten Teile des Wesergebirgslandes, z. B. in der Warburger Börde (Desenberg bei Warburg, Hüssenberg bei Eißen), am Reinhardswalde (Gahrenberg, Staufenberg, Sababurg), Solling (Bramburg) und südlich des Solling (Hoher Hagen) finden. Der nördliche deutsche Basalt bildet einen kurzen und schmalen Gang in der Trias von Sandebeck am Eggegebirge.

Von Detmold zum Wesertale südlich Hameln und weiter um das Nordende des Iths herum in die Hilsmulde hinein, um den Kahnstein und um die Berge an der linken Seite des Leinetales bis nach Freden zieht sich in gewundenem Verlaufe der Südrand der diluvialen Vereisung. Der Lippische Wald lag noch außerhalb derselben, während sie durch die Quertäler des Osnings und zum Teil auch noch über diesen hinweg nach Süden in das Münstersche Becken vordrang. Wie weit die nördlichen Bergzüge des Wesergebirgslandes als Inseln das Inlandeis überragten, mag dahingestellt bleiben, jedenfalls war z. B. der Deister völlig unter Eis begraben, wie Geschiebemergel mit nordischen Blöcken auf der Höhe des kleinen Gebirges am Bielstein beweist, und gleiches war auch bei den Bückebergen der Fall. Frühere höhere Wasserstände unserer Flußtäler, z. B. des Wesertales, deuten die über den heutigen Talböden liegenden Flußterrassen an. Gewaltige Kiesaufschüttungen sind der Porta Westfalica südöstlich vorgelagert und als Absätze der Weser aus einer Zeit gedeutet worden, in der das Inlandeis die westfälische Pforte von Norden verschloß und die von Süden kommenden Wasser anstaute.

Am Osning und im Lippischen Walde liegen die Kreideschichten tief unter Dünensanden begraben, die besonders die Täler füllen (Abb. 8), doch auch den Höhen nicht ganz fehlen. Die Südgrenze der Überwehungen (Abb. 9) erklärt sich durch die Lage des Teutoburger Waldes zum Diluvialgebiete der Senne, dem die Sande entstammen, und die vorherrschende südwestliche Richtung der Winde, die den Transport besorgten.

Nach seiner inneren Struktur kann man das Weserbergland insofern als ein „Schollengebirge" bezeichnen, als in ihm die Zerrissenheit des Untergrundes in größere und kleinere Schollen die hauptsächlichste Erscheinungsform der gebirgsbildenden Kräfte ausmacht. Dabei ist es aber — wenigstens in weiten Teilen — keineswegs ein typisches Schollengebirge, vielmehr tritt uns ein Zusammenschub

Abb. 8. Dünenlandschaft im Lippischen Walde. Nach einer Photographie von H. Stille 1908.

der Schichten zu Sätteln und Mulden, d. h. eine Faltenbildung, weithin entgegen, die sich am Osning, dem nördlichen Teutoburger Walde, bis zur Steilstellung und Überkippung großer Schichtenkomplexe steigert, und manche Teile, wie insbesondere den Osning, möchte man geradezu als durch weitgehende Bruchbildung modifizierte kleine Faltengebirge bezeichnen.

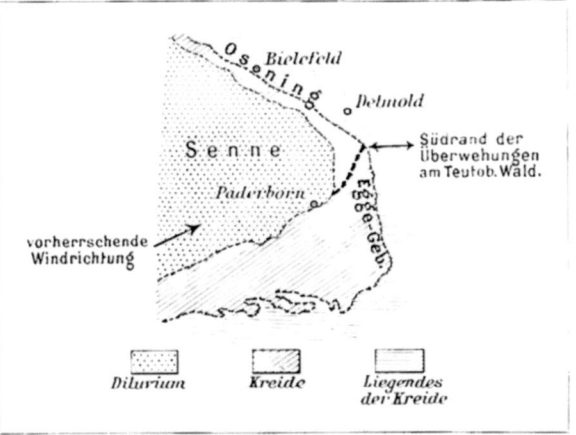

Abb. 9. Südrand der Dünenbildungen am Teutoburger Walde. Maßstab 1 : 1500000.

Das Streichen der Mehrzahl der Bergzüge, wie des Ith, Hils und Selter, Saupark und Deister, Wesergebirges und Osnings, geht vorwiegend in herzynischem Sinne, d. h. von Südosten nach Nordwesten. Nur zurücktretend findet sich auch nord=südlicher Verlauf der Gebirgszüge, wie am südlichen Teutoburger Walde, dem Eggegebirge, oder südwest=nordöstlicher, wie an den Bückebergen. Die Richtung der Bergzüge ist durch das gleichfalls vorwiegend herzynisch gehende Streichen der Schichten und Verwerfungen bedingt, während nord=südlich gerichtete, sogenannte „rheinische" Brüche in unserem Gebiete sehr zurücktreten und erst etwas südlich und östlich desselben, wie im Leinetale zwischen Eichenberg und Northeim, eine große Bedeutung für den Aufbau des Untergrundes gewinnen. Sie besitzen dort die mehr nordnordöstliche Richtung, die so charakteristisch für die gesamte große Bruchzone ist, die vom Oberrheintale durch Wetterau und Hessische Senke, durch das Leinetal und das westliche Randgebiet des Harzes zur Norddeutschen Tiefebene nachweisbar ist. Nicht eigentlich „rheinisch" ist aber das Eggegebirge gerichtet, wo vielmehr das Generalstreichen der Schichten und Dislokationen nordnordwestlich geht; das Eggegebirge hat aber damit eine Mittelrichtung zwischen der typisch herzynischen (Südost=Nordwest) und typisch rheinischen (Südsüdwest=Nordnordost) Richtung und ist auch das Ergebnis von Gebirgsbildungen in beiderlei Sinne. Indem sich aber der Einfluß der Gebirgsbildung im rheinischen Sinne am Teutoburger Walde von Süden nach Norden verschwächt, gewinnt die herzynische (nordwestliche) die Überhand und bestimmt schließlich allein den Verlauf des Osnings.

Der Überblick über den ziemlich komplizierten Aufbau des Weserberglandes wird durch die Verfolgung der geologischen Achsen erleichtert, d. h. derjenigen Linien, entlang denen eine besonders hohe Heraushebung der Schichten erfolgt ist. Wir beginnen im Nordwesten, im Gebiete von Osning und Wiehengebirge.

Der Osning ist der nördliche, die nordwestliche Richtung befolgende Teil des Teutoburger Waldes, des Randgebirges der Westfälischen Kreidemulde. Während die Kreideschichten aber an der Egge, dem südlichen Teutoburger Walde, flach liegen und höchstens unter 7 bis 9° nach Westen, d. h. zum Innern der Mulde, geneigt sind, bildet am Osning die steile Aufrichtung der Kreideschichten die Regel, und weithin sind sie sogar überkippt, so daß älteres über

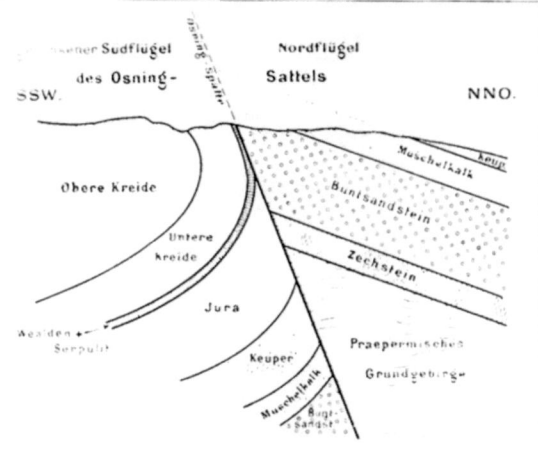

Abb. 10. Schematisches Profil des Osnings (unter Fortlassung der Zwischenstaffeln zwischen Kreide und Buntsandstein).

jüngerem liegt, wie in dem Quertale von Brackwede-Bielefeld zu beobachten ist. Eine erhebliche Breite besitzt der Teutoburger Wald in seinem südlichen Teile, aber in dem Maße, wie bei steilerer Schichtenstellung der Ausstrich der festen Kreideschichten sich nach Nordwesten zu verschmälert, verringert sich auch die Breite des Gebirges, das endlich zu dem schmalen Zuge des Osnings wird. Nahe an die Kreide des Osnings, von ihr nur durch schmale Streifen von Jura oder Keuper getrennt, treten Röt und Muschelkalk heran, sind aber im Gegensatze zu den steilgestellten Schichten der Kreide ziemlich flach gelagert und fallen mit schwacher Neigung nach Norden ein, wo sie von Keuper und Jura überdeckt werden (Abb. 10). Im großen und ganzen ist der Osning ein Sattel, aber ein solcher mit derartig tief entlang der Sattelspalte oder einem System von Staffelbrüchen versenktem Südflügel, daß die Kreide in

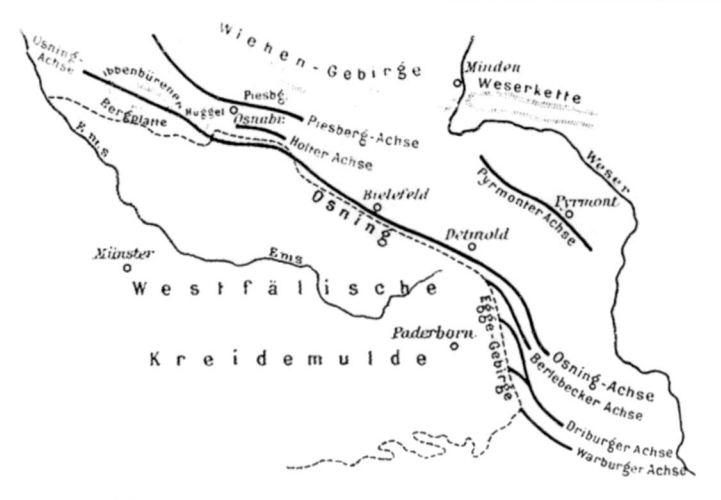

Abb. 11. Die Hebungslinien des Teutoburger Waldes. Maßstab 1 : 1500000.

das Niveau der älteren Trias des Nordflügels gelangte. Abbildung 10 gibt davon ein schematisches Bild, dem etwa die Gegend östlich Bielefeld zugrunde liegt; in ihm sind zur Vereinfachung der Darstellung die Zwischenstaffeln zwischen oberem Buntsandstein und Kreide fortgelassen. Die westfälische Kreidemulde erweist sich gegenüber den Triasschichten des Osnings als ein Senkungsfeld großartigen Maßstabes, und der Nordrand dieses Senkungsfeldes fällt zusammen mit dem „Osningabbruch" entlang der „Osningachse", der am ganzen Osning zu verfolgenden Hebungslinie dieses Gebirges (Abb. 11). Der Druck, der das Gebirge schuf, kam von Süden, und das Rückland, d. h. der der Druckrichtung zugewandte Teil des Osningsattels ging in die Tiefe, wobei sich die sinkenden*) Schichttafeln beim Abgleiten entlang der stehenbleibenden*) Masse des Nordflügels an ihrem äußersten Rande bis zur Überkippung aufrichteten und die Osningspalte weithin unter Fortwirkung des horizontalen Druckes zur Osning-Überschiebung wurde. Wir haben hier jenen Fall des Zusammenwirkens vertikalen Absinkens und horizontalen Druckes bei sinkendem Rücklande, den E. Sueß als „Rückfaltung" bezeichnet hat.

Abb. 12. Der Teutoburger Wald bei Detmold. Der vordere Bergzug besteht aus Muschelkalk und enthält die „Osning-Achse", der hintere (Grotenburg mit Hermannsdenkmal) aus Kreide.
Nach einer Photographie von H. Stille 1908.

Wenn sich nun auch das tektonische Bild des Osnings, wie es in Abbildung 10 aus der Gegend östlich Bielefeld gegeben ist, in der verschiedensten Weise modifiziert, so bleibt doch als etwas Konstantes und Schritt für Schritt zu Verfolgendes die Heraushebung nach einer herzynisch gerichteten, vielfach aufgerissenen Sattellinie, der Osningachse, bestehen, und auch die paläozoischen Horste des Hüggels und der Ibbenbürener Bergplatte sind an diese Achse gebunden. Bis etwa bei Detmold liegt sie ganz nahe am Rande der westfälischen Kreide, rückt dann aber etwas von ihr ab. In Abbildung 12 bilden jenseits der Stadt Detmold die nach der Osningachse aufgewölbten Muschelkalkschichten den ersten Bergzug, jenseits dessen die das Hermannsdenkmal tragende Kreidekette sichtbar wird. Weiterhin ist die Achse vom Verfasser bis in das Vorland des Eggegebirges östlich von Driburg verfolgt worden, wo bei Herste diese bedeutendste aller Hebungslinien des Wesergebirgslandes in einem flachen Sattel von Röt und Wellenkalk ausklingt. Hier, wie weiter nördlich bei Hermannsborn, Vinsebeck und in gewissem Sinne auch bei Meinberg, sind an das Sprungsystem entlang der Achse Austritte von Kohlensäure gebunden. Bei Herste verwehren die undurchlässigen Rötschichten

---

*) Vergl. Anmerkung Seite 7.

Abb. 13. Kohlensäuresprudel der Firma Rommenhöller A.-G. bei Herste.
Nach einer Photographie von Otto Liebert in Holzminden.

der Kohlensäure den Austritt, soweit nicht natürliche Spalten oder künstliche Bohrlöcher die Verbindung zur Tiefe schaffen. Abbildung 13 zeigt uns einen der erbohrten Kohlensäuresprudel der Firma Rommenhöller A.-G. zu Herste, der beim Aufsteigen Wasser mit sich aus der Tiefe emporreißt.

Auf den Röt und Muschelkalk am Nordflügel des Osningsattels legen sich nördlich Bielefeld die Schichten des Keupers, Lias, Doggers und Malms, und nur unbedeutende Störungen und Auffaltungen modifizieren lokal das Bild einer normalen Schichtfolge vom Osning zum Wiehengebirge. Letzteres verdankt seinen Charakter als Gebirge allein der hohen Widerstandsfähigkeit der Weißjura- und einzelner Braunjuraschichten gegen die im Gebiete des Lias und Keupers tief eingreifende Denudation. Das Wiehengebirge ist somit ein „Schichtstufengebirge" am Nordflügel des Osningsattels, kein tektonisch selbständiger Gebirgszug, und auch seine Hebungslinie ist für einen Teil seiner Erstreckung die Osningachse (Abb. 15). Weiter nordwestlich erscheinen aber nördlich der Osningachse und parallel zu ihr zwei neue Achsen (Abb. 10), diejenige des Holter Sattels und diejenige des Piesberges*), so daß wir hier

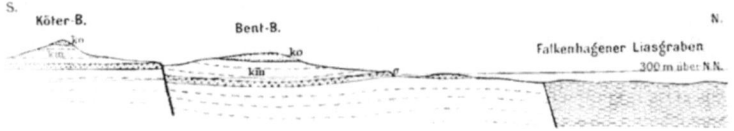

Abb. 14. Profil durch Faltenhagener Liasgraben und Köterberg. Maßstab 1:40000. (Zu Seite 18.)

*) Den Angaben über die Piesbergachse und die Endigung des Wiehengebirges liegen die Untersuchungen E. Haarmanns zugrunde.

zwischen der westfälischen Kreidemulde und dem Wiehengebirge nicht, wie weiter südöstlich, nur die eine Hebungslinie, die Osningachse, sondern deren drei haben, die sämtlich herzynisch gerichtet sind, und von denen die Piesbergachse als die nördlichste zur Hebungslinie des Wiehengebirges wird. Vom Karbon des Piesberges liegt bis zum Weißen Jura des Wiehengebirges eine einigermaßen ununterbrochene Folge nördlich einfallender Schichten, den Nordflügel des Piesbergsattels bildend. Eine etwas spießeckig gerichtete Verwerfung schneidet diese Schichten nach Westen ab, und zwar den Weißen Jura bei Neuenkirchen, und damit endigt das durch die Widerstandsfähigkeit der Juraschichten bedingte Wiehengebirge.

Parallel zur Osningachse und südlich von ihr liegen nun im stark gestörten Vorlande des Eggegebirges weitere Hebungslinien, und alle diese verschwinden nach Westen unter der Kreide des Eggegebirges und Lippischen Waldes (Abb. 10); an der Egge hat die Kreide keinen Anteil an der Aufwölbung nach den Achsen, sondern legt sich diskordant über die aufgefalteten und gegeneinander verschobenen Schollen hinweg.

Wir haben am Eggegebirge den infolge der Widerstandsfähigkeit der Schichten als Gebirgswall aufragenden östlichen Denudationsrand der westfälischen Kreide, die hier flach und ungestört liegt. Die Faltung ist am Teutoburger Walde in vorcretacischer Zeit von Süden, dem Gebiete der heutigen Egge, ausgegangen und in postcretacischer (tertiärer) Zeit, teilweise vielleicht auch schon in spätercretacischer Zeit nach Norden, zum Osning, vorgerückt.

Im Gegensatz zu der Gestörtheit der Schichten am Teutoburger Walde haben wir in dem weiten Gebiete zwischen diesem Gebirge und der Weser recht regelmäßige Lagerungsverhältnisse. Den Hauptteil nimmt die Lippische Keupermulde ein, aus der sich der in seinem Kerne aus Buntsandstein bestehende Pyrmonter Sattel herauswölbt. Die Verwerfungen, die in der Tiefe des Pyrmonter Talkessels aufsetzen, sind in bezug auf Sprunghöhe zwar nicht bedeutend, aber insofern höchst bemerkenswert, als an ihnen die Heilquellen des Bades zur Tagesoberfläche gelangen. Im herzynischen Fortstreichen des Pyrmonter Sattels wölbt sich ein Muschelkalksattel südöstlich Vlotho aus dem Keuper empor, und weiterhin entfällt in das System der Störungen entlang der „Pyrmonter Achse" ein von Vlotho bis Oeynhausen verfolgbarer Sprung, welcher der in tiefen Schichten der Erdkruste beheimateten Thermalsole des Bades Oeynhausen den Weg in höhere öffnet, aus denen sie durch Bohrlöcher gewonnen wird. 10 km südwestlich davon verläuft der „Quellsprung" des Bades Salzuflen, der Nordabbruch der Herforder Liasmulde. Die Pyrmonter Achse (Abb. 9) ist eine Parallelachse zu derjenigen des Osnings, und es wird noch festzustellen sein, ob sie als die Fortsetzung der Piesbergachse jenseits eines Gebietes mehr schwebender Lagerung gelten darf. Den südlichen Teil der Lippischen Keupermulde durchzieht in nordwest-südöstlicher Richtung von Polle bis fast zur Egge eine Zone eingesunkener Liasschichten, die Falkenhagener Grabenzone. Sie verläuft etwas nördlich des Köterberges, der auf der Höhe aus Oberem Keuper (Rhät) besteht, den wir am Falkenhagener Graben tief versenkt unter dem Lias zu suchen haben. Treppenförmig erfolgt dabei der Abbruch, wie in Abbildung 14 in der Höhenlage des Rhäts am Bentberge zum Ausdrucke kommt.

Nach Südosten folgen links der Weser zwischen Höxter und Holzminden als Liegendes der sich allmählich heraushebenden Keupermulde die Schichten des Muschelkalkes, die sich nach Westen in der Brakeler Muschelkalkschwelle fortsetzen, und darunter endlich jenseits der Weser die weit ausgedehnten Buntsandsteinschichten des Sollinger Waldes, die hier vielfach durch grabenförmig versenkte Streifen von Tertiärgebirge unterbrochen sind; an solche versenkten Streifen ist der Braunkohlenbergbau des Sollings gebunden.

Die geologische Fortsetzung des Sollings nach Süden und gewissermaßen nur ein von ihm durch das Wesertal abgetrennter Teil ist der Reinhardswald. Nordöstlich des Sollings, teilweise zwar von ihm durch die Liasversenkung des Einbeck-Markoldendorfer Beckens getrennt, verläuft ein Zug in sich sattelförmig angeordneter und an Verwerfungen gegenüber den Nachbargebieten herausgehobener Buntsandsteinschichten, der die Bergzüge des Elfas, Homburgwaldes und Voglers zusammensetzt. Wir finden in ihm eine wichtige Hebungslinie des Wesergebirgslandes, die wir nach der in sie entfallenden Antiklinale des Elfas als die „Elfasachse" bezeichnen können und an der im Gebiete der Homburg sogar Zechsteinschichten die Tagesoberfläche erreichen. Gegen die entlang dieser Achse aufragenden alten Schichten liegt nach Feststellungen von O. Grupe der Solling an einer herzynischen Bruchzone abgesunken. Eine Hebungslinie von gleicher tektonischer Bedeutung, die „Leinetalachse", folgt dem Leinetale zwischen Elze und Groß-Freden und bringt dort die Kalisalze des Zechsteins in abbauwürdige Teufen. Zwischen der Elfas- und der Leinetalachse liegt mit gleichfalls herzynischem Streichen das aus Jura- und Kreideschichten zusammengesetzte tektonische Senkungsfeld der Hilsmulde. Scharf hebt sich in ihr der Weiße Jura heraus, der am Südwestflügel den Ith, am Nordostflügel den Kahnstein, Thüster Berg, Duinger Berg und Selter zusammensetzt. Das Innere der Mulde bilden Kreideschichten, die den hochaufragenden Bergzug des Hils bilden, nach dem die ganze Mulde benannt ist. Vom Ith zur Weser bei Bodenwerder durchwandern wir Keuper und Muschelkalk quer zu ihrem Streichen und kreuzen die im Fortstreichen leicht verfolgbaren Rücken der festen Schichten, zunächst denjenigen des Rhäts, der zur Hasselburg und zum Schecken (Obensburg) bei Hameln führt, und danach denjenigen des Muschelkalkes. Zwischen dem aus Buntsandstein bestehenden Vogler und dem Muschelkalkzuge bilden die mürben Schichten des Röts, zwischen dem Muschelkalk- und dem Rhätzuge diejenigen des Mittleren Keupers und zwischen Rhätzug und Ith diejenigen des Unteren und Mittleren Juras herzynisch streichende Einsenkungen. Den Gegenflügel des Muschelkalkzuges im Vorlande des Iths finden wir zwischen Kahnstein und Leine in dem Bergzuge des Külf.

Abbildung 6 auf Seite 10 zeigt ein Profil durch die Bergzüge zwischen dem Nordende der Hilsmulde und der Hannoverschen Tiefebene. Im großen und ganzen haben wir einen Sattel, dessen Kern im Tale von Springe liegt und dessen Flügel vom Deister einerseits, vom Saupark und Nesselberg anderseits gebildet werden. Die miteinander verschmelzenden Bergzüge des Osterwaldes, Sauparks und Nesselberges gehören tektonisch eng zusammen und bilden eine in sich stark zerrüttete Mulde von Wealden und Juraschichten, von der allerdings im nördlichen Teile der Westflügel durch die in Abbildung 6 angedeutete Verwerfung teilweise abgeschnitten ist.

Die am südöstlichen Deister noch fehlenden Münder Mergel stellen sich etwa in der Höhe von Springe ein und schwellen nach Westen und Nordwesten stark an, wo aus ihnen in den Salinen von Münder und Sooldorf Sole gewonnen wird. Der nordwestliche Teil des kleinen Deistergebirges besteht in der Hauptmasse aus nordwärts fallenden Schichten des Wealden, und in dem Maße, wie der feste Wealdensandstein nach Bad Nenndorf zu an Mächtigkeit verliert, verringert sich auch die Höhe des Gebirges, wobei allerdings noch allerlei Störungen eine Rolle spielen. Eine schmale Niederung trennt bei Nenndorf das Nordwestende des Deisters von dem Nordostende der Bückeberge, die in diesem äußersten Teile den Namen Heisterberg führen, und Deister und Heisterberg ordnen sich mit ihren Schichten symmetrisch zu einer nord-südlich gerichteten Achse derart, daß wir sie als stark divergierende Flügel eines Sattels ansprechen können. Diese Achse nimmt im Fortstreichen die herzynische Richtung, die der Deister in seiner ganzen Länge befolgt und die auch von den Bückebergen weiter östlich eingeschlagen wird, und die abweichende Richtung der östlichen Bückeberge beruht auf rein lokaler Ausbiegung der Schichten inmitten eines im übrigen herzynischen Sattelsystems.

Wir sahen bereits, daß die Bückeberge eine durch die Widerstandsfähigkeit der Wealdensandsteine bedingte Gebirgsschwelle im Hangenden des Juras der Wesergebirgskette und des südlich der Weser sich heraushebenden Keupers sind (Abb. 4). Die Wesergebirgskette führt nach Osten zum Süntel, und zwar bilden die Weißjuraschichten im Fortstreichen der Weserkette, wie neuerdings E. Scholz im einzelnen untersucht hat, den Südflügel der Süntel-Synklinale, deren Inneres im östlichen Teile des kleinen Gebirges neben gering ausgedehntem Neokom die im großen und ganzen die Form eines Hufeisens beschreibenden Schichten des Wealden einnehmen, die den Untergrund der höchsten Erhebungen des Süntels bilden.

III. Klima und Gewässer.

Das Klima des Weserberglandes ist als ein gemäßigtes zu bezeichnen. Die mittlere Jahrestemperatur in den Haupttälern bis zum Oberlauf der Flüsse beträgt wie in dem nördlich vorgelagerten Flachlande über $8°$ C, während sie auf den Höhen auf $6°$ sinkt. Die Verteilung der Wärme auf die vier Jahreszeiten ist aber wesentlich anders als im Flachlande. Der Januar zeigt bis Münden hinauf in den Tälern einen mittleren Stand von $0°$, auf den Höhen von $-1°$, ist also kälter als an der Küste, wo das Meer erwärmend wirkt, und wärmer als auf den benachbarten Mittelgebirgen, Harz, Rhön, Thüringer Wald mit -3 bis $-4°$. Im April dagegen übertrifft die Mitteltemperatur der Gebirgstäler die des Flachlandes, da der höhere Sonnenstand im Süden sich bereits bemerkbar macht, während in größerer Seenähe das noch winterlich kalte Meerwasser die Lufttemperatur ungünstig beeinflußt. Es steht in dieser Jahreszeit der Küstentemperatur von etwa $7°$ eine solche von $8°$ in den Tälern des oberen Wesergebietes gegenüber. Die Höhen freilich haben auch dann im Mittel nur 5 bis $6°$, übertreffen aber immerhin noch die Rhön mit $3°$, den Thüringer Wald mit $2°$ und den Brocken mit $0,5°$. Im Juli haben die Täler des Hügellandes ungefähr die gleiche Temperatur wie das Flachland, nämlich 17 bis $18°$, da die entgegengesetzte Wirkung des höheren Sonnenstandes im Süden und der absolut höheren Lage einander aufheben. In größeren Höhen zeigt sich dagegen schnelle Abnahme der Temperatur, auf den 300 bis 500 m hohen Weserbergen bis zu $15°$ (vergleiche Rhön $13°$, Kamm des Thüringer Waldes $12°$, Brocken $11°$). Der Oktober endlich weist ähnliche Zahlen auf wie der Jahresdurchschnitt.

Die Zunahme und Abnahme der Temperatur erfolgt nicht gleichmäßig von Monat zu Monat. Die rascheste Steigerung erfolgt um 4 bis $5°$ vom April zum Mai, der stärkste Absturz vom Oktober zum November; langsam dagegen (etwa um $1°$) ist die Temperaturabnahme vom Juli zum August und vom

Dezember zum Januar, ebenso langsam die Zunahme vom Januar zum Februar.

Nennen wir Winter die Zeit, in der die mittlere Tagestemperatur im Durchschnitt der Jahre unter den Gefrierpunkt sinkt, so ist dessen Dauer in den Niederungen unseres Gebietes auf zwei bis vier Wochen zu veranschlagen. Auf den Höhen dauert er dagegen von Anfang Dezember bis Ende Februar. Zum Vergleich diene die Bemerkung, daß das Flachland am Unterlauf der Weser keinen Winter im angegebenen Sinne kennt, daß dagegen auf der Rhön von Mitte November bis Mitte März Winter herrscht und auf dem Brocken gar fünf Monate lang.

Im allgemeinen haben die höher gelegenen Orte die größere jährliche Niederschlagsmenge, da das Aufsteigen der feuchten Luftschichten in höhere und kältere Lagen eine Verdichtung der Wasserdämpfe und somit den bekannten Steigungsregen bewirkt. Zu berücksichtigen ist aber außer der Höhe eines Ortes die Frage, ob er an der Windseite (d. h. in unserm Klima Westseite) des benachbarten Gebirges oder auf der dem Winde abgewandten Ostseite liegt. Auf letzterer ist nie so viel Niederschlag. Überhaupt verliert die vom Meere hereinströmende Luft auf ihrem Wege landeinwärts immer mehr von ihrer Feuchtigkeit, so daß Orte von gleicher Meereshöhe im Westen mehr Niederschlag haben als im Osten. So findet man beispielsweise am Wiehengebirge und am Teutoburger Wald bereits bei 70 m Seehöhe eine Niederschlagsmenge von 700 mm, während man, um diese anzutreffen, im Solling bis zu 175 m, im Harz bis zu 200 m hinaufsteigen muß. Über 1 m Jahresniederschlag zeigen nur einzelne hochgelegene Stellen des Teutoburger Waldes und des Eggegebirges, auf 900 bis 1000 mm kommen die Höhen des Sollings, Hilses, Iths und Süntels, ferner der Köterberg und weitere Teile des Teutoburger Waldes; viel größere

Abb. 16. Buchenhochwald am Blümer Berg bei Münden. (Zu Seite 31.)

Abb. 17. Eibenruine bei Freudental unweit Münden. (Zu Seite 28.)

Flächen nimmt die Zone von 800 bis 900 mm ein, während die im Schutze höherer Berge liegenden Täler und Abhänge die Stufen von 600 bis 800 mm ausfüllen.

Der regenreichste Monat ist überall der Juli mit 11 bis 13% der Jahresmenge, die feuchteste Jahreszeit der Sommer. Diese hat in den Tälern des Südens 34—38 vom Hundert der gesamten Jahresmenge an Regen. Je höher aber die Orte liegen, desto mehr bekommen auch die anderen Jahreszeiten ihren Anteil an der Niederschlagsmenge, so daß auf dem Solling — ähnlich wie auf dem Oberharz — bereits die Winterregen überwiegen.

22 Niederschläge. Die Weser.

Die Zahl der Niederschlagstage beträgt in den Tälern etwa 150 fürs Jahr; auf den Höhen ist sie größer. Zum Vergleich diene es, daß Hannover nur 137, Cassel 149, Osnabrück dagegen 164 und Schießhaus im Solling 173 Niederschlagstage haben. Innerhalb eines Monats geht die durchschnittliche Zahl nicht über 18 hinauf und nicht unter 10 herunter.

Wollte man aus der Verteilung der Niederschläge in den einzelnen Monaten und Jahreszeiten unmittelbar auf die in den Bächen und Flüssen jeweilig zu Tal beförderte Wassermenge schließen, so würde man sich gewaltig täuschen. Es darf nicht außer acht gelassen werden, daß die Zeiten des stärksten Niederschlages infolge ihrer hohen Temperaturen auch die Zeiten der stärksten Verdunstung sind. Infolgedessen versiegen besonders auf Kalkboden und auf spaltenreichem Sandstein, wo das Wasser zu unterirdischem Abfluß neigt, die Bäche im Sommer oft ganz und gar, wie z. B. mit ihren bezeichnenden Namen die Durrbeke bei Altenbeken und die Dürre Holzminde im Solling; und die Weser selbst hat leider ihren niedrigsten Wasserstand gerade zu der Zeit, wo sonst für die Schiffahrt die Bedingungen am günstigsten liegen. Größere Wassermengen, ja Überschwemmungen bringt mildes Winter- und Frühlingswetter, wenn die aufgespeicherten Feuchtigkeitsvorräte infolge der Schneeschmelze zu Tale eilen. Waren früher in den flacheren Talabschnitten die Hochwässer sehr gefürchtet und für den Verkehr störend, so haben sie seit der besseren Regulierung des Flußlaufes, der Vertiefung des Bettes, der Erweiterung der Durchlässe usw. das meiste von ihren Schrecken verloren. Hochwasserkatastrophen wie die vom Februar 1909 gehören jedenfalls zu den Seltenheiten.

Wenn die Weser bei Münden in unser Gebiet eintritt, hat sie eigentlich bereits zwei Fünftel ihres ganzen Weges und fast drei Fünftel ihres in das Gebirgsland fallenden Laufes hinter sich. Denn wir werden die Werra als das oberste Stück der Weser anzusprechen haben. Zwar hat die Fulda ein um ein Viertel größeres Niederschlagsgebiet als die Werra und besitzt in der Eder nebst der

S. Abb. 18. Der Meiler ist „holtrei". Aus dem Solling. (Zu Seite 34.)

s. Abb. 19. Köhlerhütte im Vogler. (Zu Seite 34.)

Schwalm Zuflüsse von einer Bedeutung, wie sie der Werra fehlen; dafür steht sie aber an Lauflänge hinter der Werra in dem Verhältnis von drei zu vier zurück. Spricht ferner zugunsten der Fulda die Abflußmenge, die unter normalen Verhältnissen der der Werra mindestens gleich kommt, bei Hochwasser aber sie bei weitem übertrifft, so könnte man für die Werra die gleiche Laufrichtung und den gleichen Charakter als Waldgebirgsstrom anführen, während die Fulda abgesehen von dem untersten Teile ihre eigene Physiognomie hat als Abfluß eines sanft welligen, offenen Hügellandes. Dieser Eindruck muß sich schon unseren Altvordern aufgezwungen haben. Sonst hätten sie nicht dem von der Rhön herabkommenden Fluß eine eigene Bezeichnung gegeben und hätten nicht das Kind des Thüringer Waldes mit dem Namen des Hauptstromes benannt. Dies ist aber tatsächlich

S. Abb. 20. Köhler im Solling auf dem brennenden Meiler. (Zu Seite 34.)

geschehen. Denn den Formen „Werra" und „Weser" liegt bekanntlich die gleiche Urform „Wisar=Aha", d. h. West= fluß, zugrunde, die durch eine nicht un= gewöhnliche An= gleichung des S an R im mitteldeutschen Sprachgebiet zu „Wirraha" und weiter zu „Werra" wurde, während die niederdeutschen An= wohner das S er= hielten und den Na= men nur zu „We= sera" und „Weser" verkürzten. Wenn man daher nicht, wie frühere Zeiten es taten, jeden der beiden Namen in Bezug auf den ganzen Strom beziehen und den einen oder den anderen anwenden will, je nachdem man eben hochdeutsch oder plattdeutsch spricht, dann müßte man die niedersächsische Benennung schon von der Sprachgrenze an abwärts gebrauchen und so das Stück des Flusses von oberhalb Hedemünden bis zum Einfluß der Fulda bereits der Weser zurechnen.

Das Tal von Münden bis Minden zeigt einen regelmäßigen Wechsel zwischen engen, gewundenen Schluchten und breiten, mehr gradlinig oder flachbogig ver= laufenden Niederungen. Dieser Wechsel hängt mit der geologischen Beschaffenheit des Geländes insofern zusammen, als der Fluß in den Tälern der letzteren Art im allgemeinen auf Gesteinsgrenzen dahinströmt, im anderen Falle aber seinen Weg durch ein und dieselbe Formation hindurchbricht, und zwar nacheinander durch Buntsandstein, Muschelkalk, Keuper und Jura. Auf diese Weise entstehen sieben Stromabschnitte, von denen die ersten vier annähernd gleiche Länge haben, nämlich rund je 40 bis 45 km, die letzten drei jedoch zusammen nur halb so lang sind als jedes der ersten.

Im obersten Abschnitte fließt die Weser von Münden bis Herstelle in enger Spalte durch Buntsandstein, von dort auf der Grenze zwischen den beiden ältesten Gliedern der Trias bis zur Mündung des Forstbaches in ziemlich breitem Tale. Bei der Domäne Forst tritt sie in das Muschelkalkplateau ein, das sie wiederum

Abb. 21. Köhler im Solling beim Verpacken fertiger Kohlen. (Zu Seite 35.)

in engem Tale durchbricht. Bei Ohsen beginnt der vierte Talabschnitt, den wir bis zu dem lippischen Dorfe Erder rechnen können, und der abgesehen von der etwas schmaleren Stelle bei Hameln wieder recht breit ist. Er scheidet diesmal die jurassische Weserkette von den Keuperbergen Lippes. Dann folgt von Erder bis Rehme der Durchbruch durch das Keupergebirge; von Rehme bis Hausberge strömt die Weser zwischen der Weserkette und bedeutenden Diluvialablagerungen in breitem Tale ostwärts, und endlich — das wäre der siebente Abschnitt — durchbricht sie in der Porta das Wesergebirge.

Auf diesem Lauf hat die Weser bei einer Luftlinien-Entfernung von etwa 105 km einen Weg von 204 km zurücklegt und ist dabei um 79 m gefallen, d. h. durchschnittlich 387°/₀₀ oder 1:2584, wobei natürlich der Oberlauf im allgemeinen ein stärkeres Gefälle aufweist als die unteren Strecken.

Abb. 22. Sattelmeierhof Nordhof bei Enger. (Zu Seite 15.)

Stromspaltungen sind im Weserlauf äußerst selten und, wo sie vorkommen, durch Ablagerungen schwerer Geschiebe veranlaßt, die entweder unmittelbarer von den Talwänden oder durch Vermittlung von Nebenbächen dem Strombett zugeführt wurden. Meist hat man sie künstlich beseitigt. Nur bei Hameln und Bodenwerder besteht noch eine wirkliche Insel. Vorübergehend treten Teilungen des Flusses bei Hochwasser ein, dessen Flutrinnen an einigen Orten „Alte Weser" genannt werden und in einzelnen Fällen wirklich ehemaligen Flußbetten entsprechen mögen. Die Breite des Stromes, von Uferbord zu Uferbord gemessen, beträgt oberhalb Carlshafen durchschnittlich 100, unterhalb 120 bis 140 m. Die Spiegelbreite schwankt naturgemäß und bleibt bei Mittelwasser um etwa 30 m hinter jener zurück. Ebenso verschieden ist nach Ort und Zeit die Tiefe des Flusses. Wo künstliche Ausbaggerung des Bettes nötig war, auf den sogenannten „Köpfen", d. h. Schwellungen des natürlichen Untergrundes, begnügt man sich mit einer 25 m breiten Fahrrinne, die vorschriftsmäßig bei niedrigstem Wasserstande oberhalb

Carlshafen 80 cm, unterhalb aber 1 m tief sein soll. An günstigen Stellen ist die Tiefe selbst bei Niedrigwasser etwas größer, bei Mittelwasser aber — abgesehen von einzelnen noch mehr bevorzugten Stellen — 2 m und darüber.

Ihre Zuflüsse erhält die Weser während ihres Laufes durch das Hügelland hauptsächlich von links, da rechts die Wasserscheide gegen die Leine und später gegen die Aue und andere Flachlandsbäche zu nahe liegt. So sind denn selbst die größten der von rechts mündenden Bäche, wie die Schwülme vom Transfelder Höhenland, die Lenne aus der Hilsmulde und die Hamel vom Süntel ohne größere Bedeutung. Demgegenüber wären links zu nennen die Diemel, die von den Höhen des Sauerlandes mit beträchtlichem Gefälle herabkommt und in ihrem Mündungsgebiete bei Carlshafen früher ernstlich als Schiffahrtsstraße in Betracht genommen werden konnte, ferner die Nethe, die Emmer, die Humme und die

s. Abb. 23. Fränkisches Gehöft in Niederscheden bei Münden. (Zu Seite 44.)

Exter, sowie endlich die Werre, welche zusammen mit ihren Zuflüssen Else und Bega ein beträchtliches Stück des Lippischen und Ravensbergischen Hügellandes entwässert. Bekanntlich steht die Else in ihrem obersten Laufstück bei Gesmold in einer natürlich entstandenen, aber künstlich geregelten Verbindung mit der Hase, die ein Drittel ihres Wassers an die Else abgibt, während der Rest ihr selbst verbleibt und später der Ems zufließt. Das ist die berühmte Hase=Bifurkation, für welche die Anwohner das hübsche Wort Twielbäke (Zwieselbach) verwenden.

Erwähnt mag noch werden, daß ein Teil unseres Hügellandes im Osten und Nordosten zur Leine, im Norden zur Hunte und somit nur mittelbar zur Weser entwässert; die West= und Südwesthänge des Egge=Osning=Zuges dagegen senden ihre Niederschlagswässer teils zur Lippe und somit zum Rhein, teils zur Ems. Auf der Hochfläche von Hartröhren im Teutoburger Wald, unfern vom Hermanns=

denkmal, befindet sich der „hydrographische Knotenpunkt", bei dem das Gebiet der Weser mit dem der Ems und des Rheines zusammenstößt. Und wahrlich, man hat den Eindruck, als ob hier für alle drei Flüsse genug Wassers vom Himmel herunterströmte, wenn man hört, daß der Hartröhrer Förster im Jahresmittel 1042 mm und im Jahre 1894 gar 1159 mm Niederschläge gemessen hat.

IV. Der Wald.

Wenn wir in dem folgenden Abschnitt über die Pflanzendecke unseres Gebietes handeln wollen, so betreten wir damit bereits die Grenze zwischen physikalischer und Anthropogeographie. Denn die heutige Vegetation ist ja nur zu einem Teile ein Ergebnis natürlicher Bedingungen, und neben, wenn nicht gar vor sie, tritt als bestimmende Macht der Mensch. Er weist nicht nur der einzelnen Pflanze

Abb. 24. Hof in Kaltriese bei Engter (Osnabrück). Eigentümer: Hofbesitzer W. Fisse-Niewedde.
(Zu Seite 45.)

und ganzen Gruppen Wohnplätze an und verbannt sie von anderen, sondern er läßt auch ganze Familien von Gewächsen aus einem Lande verschwinden und einwandernden Fremdlingen Platz machen. Wie schnell sich solch ein Wechsel selbst innerhalb eines Menschenlebens vollzieht, diese Beobachtung stimmte schon vor 700 Jahren den edlen Sänger Walter von der Vogelweide elegisch, da er als bejahrter Mann in seine Heimat zurückkehrte. Klagend rief er aus:

> Wo einst im tiefen Dunkel gerauscht der Tannenwald,
> Da wogen goldne Ähren, Kornblumen nicken drin —
> Nur du, geliebtes Wasser, strömst noch wie sonst dahin. (Samhaber.)

Wer nach langer Abwesenheit in das Weserbergland zurückkehrt, wird dieselben Beobachtungen machen; ja oft wird er nicht einmal die alten Wasserläufe wiederfinden, sondern statt der sich schlängelnden Bäche „begradigte" Gräben. Mit dem murmelnden Quell aber ist manch liebliches Blümlein der Verkoppelung zum Opfer gefallen. Die stärkere Ausnutzung jedes Fleckchens Erde, die Pflasterung oder Beschotterung der Wege, das Aufräumen wüster Winkel hat die sogenannte Ruderal=

F. Abb. 25. Diele in Sudenfeld, Kreis Iburg. (Zu Seite 45.)

flora der Straßenränder, Dungstätten und Schutthaufen dem Untergange geweiht. Die aus Eichen und Buchen bestehenden Büsche, die besonders im Osnabrückischen und auch sonst in Westfalen zwischen den Feldern eingesprengt sind und dem ganzen Bezirk den Charakter eines Waldlandes geben, obgleich der Anteil des Gehölzes an der Bodenbedeckung verhältnismäßig nicht so groß ist, schwinden mehr und mehr (Abb. 101). Ebenso ergeht es vielfach in Westfalen den hohen Wallhecken, die neben Buche und Eiche auch Weißdorn- und Haselnußsträucher enthalten, und die „Kämpe" wandeln sich in offenes Feld um. Die Gemeindeänger sind verschwunden und zu Acker gemacht. Von den alten Waldbäumen ist die Eibe nahezu ausgerottet, und die wenigen noch wild wachsenden Exemplare werden als „Naturdenkmäler" gezeigt (Abb. 17 und 81). Der Wald ist aus der Tiefe der Täler fast ganz verbannt. In wesentlich höheren Lagen sind stellenweise die Felder emporgestiegen; aber weder das zarte Blau der Leinblüte, noch das üppige Goldgelb des Rapses schmückt mehr die Hänge und die Talbreiten. Vorbei auch sind die Zeiten, in denen „der Pappeln stolze Geschlechter in geordnetem Pomp vornehm und prächtig daherzogen". Die Pyramidenpappel, übrigens auch ein Fremdling, ein Kind des sonnigen Welschlandes, hat an unseren Heerstraßen dem unscheinbaren, aber nahrhaften Apfelbaum weichen müssen, weil man ihren ungünstigen Einfluß auf die angrenzenden Felder erkannt hat, denen sie mit ihren weitverzweigten Wurzeln die Nahrung entzieht. Andernseits aber hat auch mit der Einschränkung der Hausschlachtung und Hausbäckerei der Bedarf an hölzernen Mulden und mit der Verbesserung der ländlichen Wege der Bedarf an Holzschuhen nachgelassen, die man beide, besonders im Schaumburgischen, aus ihrem weichen Holze heraushieb oder =schnitzte.

Die Berge selbst haben ebenfalls ihr Aussehen verändert. Und wenn wir gelegentlich an Stelle einer Buchenkuppe, auf deren fein bis in die Einzelheiten durchmodellierter Oberfläche tausend Lichter spielten, eine ernst einförmige Fichten=

pflanzung erblicken, so können wir uns in die Empfindung einer Mutter hinein=
verſetzen, die ihres Sohnes geliebtes Lockenhaupt bei deſſen Heimkehr aus der
Fremde in einen modiſchen „Stiftekopf" verwandelt ſieht.

Nicht alle dieſe Eingriffe in die natürlichen Verhältniſſe haben ſich als zweck=
mäßig erwieſen. Manche hatten auch ungewollte und ungeahnte Nachteile im
Gefolge. Das Niederlegen der Hecken und Regulieren der Bäche führte zur Aus=
trocknung des Ackerbodens und beförderte die Mäuſeplage. Die Umwandlung
von Wald in Feld brachte, wo der Boden zu dürftig für den Körnerbau war,
nicht die erhofften Erträge, und er verarmte ganz und gar. Deshalb war es nötig,
die Walddecke vielfach wieder herzuſtellen und ſich ſomit bis zu einem gewiſſen
Grade den urſprünglichen Verhältniſſen wieder zu nähern.

Als ganz vom Urwald bedeckt dürfen wir uns unſere Gegend nämlich weder
während der Anfänge menſchlicher Beſiedelung noch zu der Zeit denken, in der
die Römer — aus dem ſonnigen Italien kommend — ihre übertriebenen Schilde=
rungen von „des Waldes Duſter" machten. Wie hätte ein ſolches Land Weide
für das Vieh der nomadiſierenden erſten Bewohner, wie auch Acker für die ſeit
dem erſten chriſtlichen Jahrhundert ſeßhaft werdenden Stämme liefern können?
Ein Wechſel von Gehölz und waldfreiem Boden wird ſtets vorhanden geweſen
ſein; doch hat ſich mehr und mehr das Verhältnis zuungunſten des Waldes
verſchoben.

Neue Anſiedelungen, vor allem die durch chriſtliche Miſſionare und Klöſter
ins Leben gerufenen vor und nach Karl dem Großen, befriedigten ihr Landbedürfnis
durch Rodungen. Erſt ſeit dem dreizehnten Jahrhundert begegnen wir den erſten
Anfängen von Maßnahmen zum Schutze des Waldes. Im ſechzehnten Jahrhundert
finden wir im Osnabrückiſchen die Vorſchrift, daß auf jedem Hofe höchſtens zwei
Feuerſtellen ſein durften, nämlich das Haus des Beſitzers und die „Leibzucht", in
welcher die Altenteiler wohnten. Auch war für Vollerben, Halberben und Kötter,
die verſchiedenen Stufen bäuerlicher Beſitzerwürde, je ein Höchſtmaß der Haus=

§. Abb. 26. Gehöft in Linnenbeke bei Vlotho. (Zu Seite 45.)

größe vorgeschrieben, um den wertvollen „Obstbaum", die für die Schweinemast unentbehrliche Eiche, nicht unnötig zu dezimieren. Später freilich räumte der Dreißigjährige Krieg grausam unter unseren Wäldern auf. Wie sich die Heere rücksichtslos das Brenn- und Nutzholz für ihre Zwecke holten, so konnten auch die Gemeinden die Forsten nicht schonen, wenn sie Geld zur Aufbringung von Kontributionen nötig hatten und nur durch rasche Befriedigung gestellter Forderungen ihre Ortschaft vor Einäscherung zu bewahren vermochten. Als nach dem Kriege die Volkszahl wieder stieg, sah man sich zur Hebung der Landwirtschaft wieder auf den Wald angewiesen. Hier holte man Laub und Plaggen als Streu, Gras und Kraut als Futtermittel, und hier ließ man auch das Vieh weiden, wodurch die natürliche Verjüngung des Gehölzes fast unmöglich wurde. So gab man den Wald, wenigstens als Hochwald, dem Untergange preis. Kümmerlicher Mittel- oder Niederwald trat an seine Stelle. Als die Marken im achtzehnten Jahrhundert aufgeteilt wurden, waren vielfach die Parzellen überhaupt für eine verständige Wirtschaft zu klein. Im Wiehengebirge und Osning liefen sie in schmalen Streifen über Berg und Tal. Da obendrein noch „Heide und Weide" gemeinsam blieb, war der Besitzer gar nicht in der Lage, sein Eigentum zu schützen, und niedriger Busch oder gar Heide waren die letzten Reste einstiger Pracht. Dieser Zustand hat sich dort auf weiten Strecken bis auf den heutigen Tag erhalten.

S. Abb. 27. Tiele eines lippischen Zieglerhauses in Heidelbeck. (Zu Seite 45.)

Günstiger liegen die Verhältnisse an der oberen Weser. Aber auch hier hat der Wald seine Zeiten der Verwüstung durchgemacht, und zwar aus ähnlichen Gründen. Dazu kam aber dort noch die übermäßige Inanspruchnahme des Waldes durch die Pottasche-Siedereien für Leinenbleiche und Glasfabrikation hinzu. Außerdem bot die Weser und die Leine gute Gelegenheit zum Verflößen des Holzes, und auch das reizte zum Abholzen.

Daß im neunzehnten Jahrhundert, welches fast gleichzeitig für die Landwirtschaft wie für die Forstkultur den Anfang einer verständigen und pfleglichen

Behandlung der Natur bedeutet, die Wiederherstellung des Waldes im Süden besser gelang als im Nordwesten, erklärt sich aus den Besitzverhältnissen. Staats- und Gemeindebesitz zusammen umfaßt im Oberweser- und Diemelgebiet rund vier Fünftel, im Werregebiet nicht viel über ein Drittel, an der oberen und mittleren Ems und an der Hase wenig über ein Achtel des gesamten Waldbestandes. Zum Aufforsten aber sind natürlich langlebige Körperschaften besser befähigt als Private, denen für mehrere Generationen ein Verzicht auf jeglichen Ertrag zugemutet wird, wenn sie an Stelle auch noch so mageren Ackers oder dürrer Weide Waldbäume pflanzen sollen.

S. Abb. 28. Gasthaus in Voltjen bei Rinteln. (Zu Seite 45.)

Der lästigen Nebenbenutzer des Waldes entledigten sich Staat und Gemeinde durch Abfindungen, die auch dann nicht als allzu drückend empfunden wurden, wenn sie, wie besonders im Kreise Rinteln-Schaumburg, in Teilen des Waldes selbst bestanden, die dann der Urbarmachung anheimfielen.

Bei den Neuaufforstungen konnte man aber vielfach den alten Zustand nicht ohne weiteres wieder herstellen. Der verarmte Boden war nicht mehr imstande, Laubwald zu ernähren, und so mußte man denn die genügsame Kiefer als Pionier des Baumwuchses voranschicken; meist aber bot doch wenigstens die Fichte einen Ersatz für das entschwundene Buchengrün, das bis zum sechzehnten Jahrhundert noch fast alle Höhen überzog. Denn dieser herrliche Baum, dessen schlanke, silbergraue Stämme die grünen Kreuzgewölbe des deutschen Waldes am stolzesten tragen, gedeiht in unserem Klima vortrefflich auf allen Gesteinsarten der mesozoischen Formationen (Abb. 16). Gesellt aber hat sich ihm, wenn auch seltener in großen, geschlossenen Beständen, die Eiche, der am höchsten geschätzte Nutzbaum unserer Altvordern, der in den westfälischen Teilen unseres Gebietes früher stellenweise auch den ersten Platz einnahm. In der „Bramwaldischen Relation" von 1666 werden nur Buche und Eiche dort als waldbildend genannt. Ebenso stand es im Solling, und der Reinhardswald war fast ausschließlich mit Buchen bestanden, wogegen jetzt die Buche nur 45 % des Waldbodens im Oberwesergebiet innehat.

F. Abb. 29. Motiv aus Exten bei Rinteln. (Zu Seite 51.)

Der Wiederkehr der alten Verhältnisse, die der Naturfreund mit Freuden begrüßen würde, steht nämlich mancherlei im Wege. Nicht auf allen Standorten leistet die Buche Genügendes, und die bequeme, schnell wachsende Fichte liefert als treffliches Nutzholz dem Forstfiskus Erträge, auf die er nicht verzichten kann.

Der Anteil des Waldes an der Bodenbedeckung beträgt in dem Oberwesergebiet von Münden bis zur Porta unter Ausschluß der zur Diemel und Werre entwässernden Landesteile 35,3 %, wobei aber bemerkt sein mag, daß das rechte Weserufer waldreicher ist als das linke. Das Diemelgebiet hat 31,2 %, das Werregebiet dagegen 21,6 und das obere und mittlere Emsgebiet nur 19,3 %. Die entsprechenden Ziffern für Preußen und das Deutsche Reich sind 23,7 und 25,9 %. Als Hochwald werden im Oberwesergebiet 96,8 % bewirtschaftet, im Diemelgebiet 96,7 %, im Werre= und oberen und mittleren Emsgebiet nur 72,0 und 77,6 %. Laubholz bedeckt im Oberwesergebiet 77,9, im Diemelgebiet 75,6 %, im Werregebiet 72,4, im oberen und mittleren Emsgebiet 52,3 % der Waldfläche.

Als Kultur= und Wirtschaftselement hat der Wald früher eine größere Bedeutung gehabt als jetzt. Ehe man die in den schwarzen Diamanten unseres Landes, vor allem Westfalens, aufgespeicherten Kapitalien an Energie erschlossen und die gerade in unserem Gebiete reichlich vorhandenen unterirdischen Kaliablagerungen ans Tageslicht gezogen hatte, war es der Wald, insbesondere der Buchenwald, welcher die für manche Fabrikationszweige unentbehrlichen Stoffe, Kohle und Pottasche, liefern mußte. In jedem ländlichen Haushalt gehörte noch vor dreißig bis vierzig Jahren ein „Bükefaß" zum notwendigen Inventar: das war eine große hölzerne Tonne, in der die Leinenwäsche mit Buchenaschenlauge behandelt, d. h. „gebükt", wurde. Dieses Bleichen mit dem aus der Holzasche gewonnenen kohlensauren Kali wurde an einzelnen Orten in größerem Stile gewerbsmäßig betrieben, so in Uslar am Solling und in dem benachbarten Sohlingen, wo noch heute eine „Königliche Musterbleiche" besteht, freilich mit einer inzwischen veränderten Betriebsweise.

Große Massen Pottasche brauchten auch die Glashütten, deren es früher in allen

Abb. 30. Bauernfamilie aus Meinsen bei Bückeburg. Älterer Typus. (Zu Seite 54 bis 56.)

waldigen Teilen unseres Gebietes, am Solling, an der Egge, am Bramwald, am Hils, am Deister und Bückeberg und an der Weserkette zahlreiche gab und zum Teil auch noch gibt. Der Wald lieferte ihnen außer Pottasche auch billiges Brennholz. Wie vieles Holz von ihnen verbraucht wurde, kann man sich vorstellen, wenn man hört, daß die kleine Glashütte Amelith im Solling in ihren blühendsten Zeiten 20000 kg Pottasche jährlich verwendet haben soll, und dabei bedenkt, daß 1000 kg trockenen Holzes etwa 3 kg Asche und diese 3 kg Asche etwa 1 kg Kali enthalten.

Ein anderes aus dem Holze gewonnenes Erzeugnis ist die Kohle; man bedarf ihrer noch heute zur Herstellung feinerer Stahlarten und anderer Fabrikate.

Zwar hat die verständige Gewinnung der Holzkohle, nämlich durch Abdestillieren der flüchtigen Bestandteile, die als Holzteer, Holzessig, Holzgeist,

Abb. 31. Bauernmädchen aus der Gegend von Nenndorf. Nach einer Photographie von Gustav Kaulmann in Minden. (Zu Seite 54 bis 56.)

Action usw. mannigfach verwendbar sind, bei uns bereits Eingang gefunden. In Bodenfelde an der Weser z. B. ist eine solche Fabrik. Aber immer noch besteht auch die alte, zwar unzweckmäßige, aber poesieumwobene Kohlenbrennerei. Besonders im Bramwald, im Solling und im Vogler sieht man noch die Meiler dampfen. In der Nähe einer kühlen Quelle, die nach der heißen, staubigen Arbeit den erfrischenden Trunk spendet, hat sich der Köhler seinen Wigwam — ich wollte sagen seine Köte — aufgebaut (Abb. 19). Es ist ein kreisrunder, kegelförmiger Bau aus Stangen, Reisig und Moos. Oben befindet sich ein Rauchloch, von einem kleinen Regenschirm aus den gleichen Materialien überbaut. Eine Tür mit Schutzdach ist an der Seite angebracht, und an sie schließt sich ein gemütliches Sitzbänkchen. So macht das Ganze von außen einen recht behaglichen Eindruck. Der Innenraum mit seiner mehr als bescheidenen Einrichtung dient zugleich als Küche und Schlafzimmer. Denn der Köhler muß auch nachts in der Nähe seiner Meiler bleiben.

Will er eine neue Kohlenstelle anlegen, so muß er zunächst den Boden mit der Schaufel einebnen. Dann schlägt er zwei etwa 2 m lange dürre Stangen dicht nebeneinander in die Erde und steckt zwischen sie kurze Stückchen trockenen Fichtenholzes. So entsteht der „Quandel", der später dazu dienen soll, den Meiler von der Mitte aus zu entzünden. Nun werden ringsum etwa 1 m lange Knittel Buchenholz in immer größer werdenden Kreisen aufgestellt, jedoch so, daß am Boden ein kleiner Tunnel vom Quandel bis zum äußersten Kreise ausgespart bleibt. Dies ist „dat Stekeloch", das Loch zum Anstecken. Zwei bis vier Stockwerke von Scheiten werden regelmäßig übereinander gebaut, und dann wird ein niedriges Gitterchen aus Buchenzweigen, das später die Decke halten soll, herumgeführt; so ist denn der Meiler „holtrei", d. h. holzfertig (Abb. 18). Nun aber muß er mit welkem Buchenlaube verkleidet werden, und darüber wird Erde geschaufelt und festgeklopft. Etliche kunstvoll in Form eines Geländers rings herumgestellte Scheite verhindern das Abrutschen des oberen Teiles der Erddecke (Abb. 20). Aber bereits vor der völligen Eindeckung wird der Meiler angezündet. Jetzt heißt es aufpassen! Denn das Feuer will „regiert" sein. Es darf nicht ausgehen, aber auch nicht mit lichter Flamme auflodern. Um den Luftzutritt, von dem alles abhängt, auf das richtige Maß zu bringen, dienen dem Köhler die „Rumen", d. h. Räume oder Löcher in der Decke, die er mit der Stange öffnen oder mit Erde schließen, bald nach oben, bald mehr nach unten verlegen kann. Alle sechs Stunden besteigt er seinen Meiler auf einer rohen Leiter, die aus einem einzigen Baumstamm mit eingekerbten Stufen besteht (Abb. 20); er überzeugt sich von dem Gange des Verkohlungsprozesses und füllt die eingesunkene Kuppe mit neuen Holzstücken auf. Nach etwa acht Tagen ist die Kohle „gar". Der Meiler wird durch vorsichtiges Abheben und Wiederauflegen des „Drecks" gekühlt, die Kohlen nach und nach mit dem eisernen „Riethaken" (Reißhaken)

Abb. 32. Schulmädchen aus Eisbergen (Kreis Minden) auf dem Kirchgange. (Zu Seite 54 bis 56.)

vorsichtig herausgezogen, nach völligem Erkalten in Säcke gepackt und zu Wagen fortgeschafft (Abb. 21).

Ein großer wirtschaftlicher Wert kommt natürlich dieser alten Industrie nicht zu. Wesentlich mehr Menschen finden ihre Nahrung in den großen Holzverwertungs-Unternehmungen unserer Waldgebiete, besonders an der Oberweser. So werden in Münden Trockenfässer, Eisenbahnschwellen, Parkett- und Pflasterklötze, in Carlshafen Fässer und Wiener Möbel, in Bodenfelde, Kaierde und Alfeld Schuhleisten, in Lauenförde, Hameln, Münder und Springe Stühle und in einigen Orten der Hilsmulde sowie in Wertheim bei Hameln Holzpappe und -papier gemacht. Von dem Umfang der Gesamtfabrikation wird man sich nicht leicht einen richtigen Begriff machen; immerhin ist es vielleicht interessant zu hören, daß die beiden größten unter

S. Abb. 33. Bauernmädchen aus Uffeln bei Plotho. Einige unechte Bestandteile (Tücher, Schürzen) dringen in die Volkstracht ein. (Zu Seite 54 bis 56.)

jenen Werken zusammen 31 500 Raummeter Holz, d. h. einen Würfel von fast $31^1/_2$ m Kantenlänge, im Jahre verarbeiten.

Erscheinen uns solche Ziffern hoch, so wird es uns anderseits wundern zu hören, daß in den beiden waldreichen Kreisen Uslar und Münden nur 15,7 und 11,4 % aller im Hauptberuf erwerbstätigen Einwohner in Forstwirtschaft oder Holzindustrie ihren Unterhalt finden. Trotz dieser beschränkten volkswirtschaftlichen Bedeutung der Waldindustrien wird doch der Naturfreund an deren Bestehen seine Freude haben. Denn sie geben der Forstverwaltung Gelegenheit, das Buchenholz, das früher fast nur zum Brennen diente, nützlich zu verwerten, und so bieten sie eine erneute Gewähr für die Erhaltung unserer herrlichen Laubwälder.

V. Bäuerliche Verhältnisse.

Das gesamte Weserberggebiet ist, was seinen landwirtschaftlichen Charakter anlangt, Bauernland; Großgrundbesitz findet sich in bemerkenswertem Maße nur im südlichen Teil des Regierungsbezirks Minden, wo die dem Herzog von Ratibor gehörige Herrschaft Corvey allein schon ein mächtiges Areal bedeckt; Zwergwirtschaften überwiegen an der Oberweser, in den Kreisen Münden und Hofgeismar. Die dortige niederdeutsche Bevölkerung ist nämlich stark mit mittel-

Abb. 34. Bauersfrau aus Hahlen bei Minden. (Zu Seite 56.)

deutschen Bestandteilen vermischt und folgt der fränkischen Sitte, nach der das ländliche Besitztum unter die gleichberechtigten Erben aufgeteilt wird, während sich der Hof in Niedersachsen und Westfalen als Ganzes vererbt.

Hier bestehen von der gesamten landwirtschaftlich benutzten Fläche etwa drei Viertel aus Betrieben von 5 bis 100 ha, d. h. aus Mittelbetrieben, unter denen wiederum die kleineren überwiegen. Sobald die Größe von 20 ha überschritten ist, kann der Besitzer fremder Arbeitshilfe nicht mehr entbehren. Diese gewinnt er, wenn auch neuerdings mit Schwierigkeiten, meist in der Form von Knechten und Mägden, die der Hausgemeinschaft angehören. Dazu kommen im Osnabrückischen und in Minden-Ravensberg seit dem siebzehnten Jahrhundert die sogenannten Heuerlinge deren der einzelne Hof zwei oder auch mehr hat. Die Entstehung des Heuerlingswesens ist wohl darauf zurückzuführen, daß die während des Dreißigjährigen Krieges heruntergekommenen Bauern das Bedürfnis empfanden, einzelne Teile ihres Besitztums zu verpachten, um sich so eine wenn auch bescheidene Rente zu sichern. Die Heuerlinge sind Landwirte nur im Nebenberuf. Früher waren sie meist Leinweber und haben sich, nachdem sie beim Niedergang der westfälischen Handleinenweberei eine furchtbare wirtschaftliche Krise durchgemacht hatten, zum Teil anderer industrieller Arbeit, u. a. auch der Zigarrenmacherei zugewendet. Ihr eigentümliches Verhältnis zum Hofbesitzer besteht darin, daß ihnen das Häuschen nebst 1½ bis 2 ha Land, worauf sie zwei Kühe halten können, zu äußerst geringem Pachtzins überlassen wird, wogegen sie wieder für einen sehr niedrigen Tagelohn arbeiten müssen, sobald der Bauer ihrer Hilfe bedarf. Niedersachsen kennt keine eigentlichen Heuerlinge. Wohl aber gibt es auch dort wie in Westfalen Industriearbeiter, um etwas Landwirtschaft zu treiben, einiges Land mit einem Häuschen gekauft oder gepachtet haben; aber sie treten zu dem ursprünglichen Besitzer in kein anderes als ein lockeres geschäftliches Verhältnis.

Ein anderer Unterschied zwischen beiden Gebietsteilen betrifft die Form der bäuerlichen Ansiedelung selbst. Es ist ja bekannt, daß die Höfe in Westfalen meist zerstreut liegen, in Niedersachsen aber mehr in geschlossenen Dörfern. Eine scharfe Grenzscheide läßt sich freilich nicht ziehen. Denn im sogenannten Einzelhofgebiet gibt es auch geschlossene Ortschaften und umgekehrt im Dorfgebiet Weiler und vereinzelte

Abb. 35. Bauer aus Hahlen bei Minden, Vater der vorigen. (Zu Seite 54.)

Abb. 26. Münden und das Fuldatal. Nach einer Photographie von Carl Thoericht in Münden. (Zu Seite 65 bis 67.)

Höfe. Zwar herrscht östlich von der Linie Porta Westfalica-Externsteine das Dorf vor und westlich von ihr der Hof. Das hindert aber nicht, daß der ganze Nordfuß des Wiehengebirges von Dörfern umsäumt ist. Unerklärt ist bisher der Ursprung dieser verschiedenen Siedelungsformen. Denn Meitzens Annahme, daß der Einzelhof keltischen, das Dorf aber germanischen Ursprungs sei, hat fast allenthalben Widerspruch gefunden. Jedenfalls verrät sich das Dorf als eine gemeinsame Gründung einer beschränkten Zahl von Stammesgenossen. Als sie das Bedürfnis empfanden, von einer nomadisierenden Lebensweise, bei der der Ackerbau gegenüber der Viehzucht nur eine ganz untergeordnete Rolle spielen konnte, zur Seßhaftigkeit überzugehen, da nahmen sie nach und nach einzelne Landstücke, Gewanne genannt, unter den Pflug, indem sie sie gegen den Einbruch des Wildes und des Weideviehes einzäunten und in Streifen unter sich aufteilten. Durch all=

Abb. 37. Das Rathaus in Münden.
Nach einer Photographie von Karl F. Wunder in Hannover. (Zu Seite 61.)

mähliche Hinzunahme neuer Gewanne wuchs die Dorfflur auf durchschnittlich 300 bis 400 ha. Gemeinsam aber blieb für Weide und Holznutzung der Wald, die Mark zwischen den Dörfern.

Dieser Zustand kettete in seiner Wirtschaftsordnung den einen Bauern an den andern und schuf den Flurzwang, wonach je ein Gewann von allen Besitzern zur gleichen Zeit und mit derselben Frucht bestellt werden mußte. Dies hatte für die alten Wirtschaftsweisen gewiß seine Vorteile, für die neue aber fast nur Nachteile. Bekanntlich ist dieses System erst im neunzehnten Jahrhundert durch die sogenannte Verkoppelung ganz beseitigt worden.

Auch die sonstigen Schicksale der Dörfer und Bauerschaften hüben und drüben sind durchaus nicht immer die gleichen gewesen. Als sich im dreizehnten Jahrhundert die von Karl dem Großen geschaffenen großen Grundherrschaften auflösten, wurden die halbfreien „Laten" in den alten welfischen Provinzen, sowie in Paderborn und Corvey frei und kamen als „Meier" in eine Mittelstellung zwischen

Bauernhöfe.

§. Abb. 38. Der Marktplatz in Münden. (Zu Seite 61.)

Pächter und Besitzer, gerieten dagegen in Osnabrück, Minden, Ravensberg und Schaumburg in den Zustand der Eigenbehörigkeit, aus dem sie zu Anfang des neunzehnten Jahrhunderts, im Königreich Hannover sogar erst im Jahre 1836, befreit worden sind.

Höchst merkwürdig ist es, daß alle diese Wandlungen der Agrarverfassung, daß Kriege und wirtschaftliche Krisen den Bestand der Bauernhöfe selbst nur im verhältnismäßig geringen Maße anzutasten vermocht haben. Sowohl in Niedersachsen als besonders in Westfalen gibt es Höfe, die sich vielhundertjährigen Bestandes rühmen, und darunter gewiß manche mit Recht. Ich erinnere an die berühmten Sattelmeierhöfe bei Enger, deren Besitzer sich noch heute als Nachkommen jener freien Bauern betrachten, die mit Herzog Wittekind Freud und Leid teilten (Abb. 22). Ohne Adelsprädikat und ohne heroldsamtliche Anerkennung genießen sie bei ihren Landsleuten edelherrliches Ansehen. Bei dem Ableben eines Sattelmeiers wird drei Tage hintereinander zur „Königstunde" geläutet, die Leiche wird in der Kirche auf dem Chor niedergesetzt, und wenn sie zu Grabe gefahren wird, folgt dem Sarge wie bei Fürsten das Reitpferd.

Über das Alter des einzelnen Hofes ist es freilich meist schwer, einen urkundlichen Nachweis zu führen. Auffallend ist aber, daß die Hofgrößen in alter und neuer Zeit so wenig Unterschied zeigen. Freilich ganz ohne Teilungen ist es ja nicht abgegangen. Wie sollte man sich sonst die Ausdrücke Vollmeier, Halbmeier (im Osnabrückischen Vollerbe, Halberbe) und andere Bruchzahlen in der Klassifizierung der Bauern erklären? Auch tragen manche Familien noch in ihren Eigennamen die Spuren alter Hofzerlegungen: man denke an Nord-

§. Abb. 39. Die Vorstadt Blume in Münden. (Zu Seite 64.)

Abb. 40. Bursfelde.
Nach einer Photographie von Carl Thoericht in Münden. (Zu Seite 70.)

mann, Nordmeyer, Nordhof, Ostermann, Ostermeyer, Osterhof usw. oder an Grotkord, Lüttjohann u. a. Den Teilhöfen ist es aber nicht selten gelungen, sich aus der Mark wieder zu ergänzen, so daß manchmal der Halbhof, zuweilen sogar die Kotstelle, größer geworden ist als der Vollhof.

Der Hof ist der Stolz und gewissermaßen das Heiligtum der Familie. Nach dem Hofe nennt sich der Besitzer, nicht umgekehrt. Selbst landesherrliche Verordnungen haben es nicht hindern können, daß der Bauer, der eine Erbtochter heiratete, wenigstens im gewöhnlichen Leben den Namen seines Schwiegervaters und somit des Hofes führt. Oft weiß man den rechtsgültigen Namen eines alten Bekannten gar nicht und erfährt ihn nur zufällig, wenn er mit Gericht, Standesamt, Militärbehörde oder Pfarre etwas zu tun hat. Daß der Hof gegenüber dem Einzelwesen das Bedeutendere ist, zeigt sich auch bei den Eheschließungen. Hat der künftige Schwiegersohn oder die in Aussicht genommene Schwiegertochter die für eine gedeihliche Führung des Hofes und der Wirtschaft nötigen Eigenschaften und dazu den erwünschten Besitz, so werden sich die alten Leute bei ihren Verheiratungsplänen wenig um Neigungen oder Abneigungen der jungen kümmern. Ich sehe noch das entrüstete Gesicht eines alten Bauern vor mir, der sich einst bei meinem Vater über die Widerspenstigkeit seiner Tochter beklagte. Wie lächerlich er den Widerstand des Mädchens gegen sein wohlmeinendes Vorhaben fand, zeigt der Ausruf, mit dem er die Aufzählung der Vorzüge der betreffenden Partie schloß: „Niu hannelt et sick man blot noch um de Perßönlichkeit, un drümme will de Saotan nich!"

Der Hof muß also „an der Reihe" erhalten werden. Er muß ungeteilt auf einen einzelnen Erben übertragen werden. Dieser heißt der Anerbe. Die Geschwister hat er abzufinden. Über die Höhe der Entschädigungen haben Gesetz und Herkommen verschiedenes bestimmt; daß die Leistungsfähigkeit des Gutes erhalten bliebe, war hierbei vor allem der maßgebende Gesichtspunkt. Denn auch der Grundherr, solange es einen solchen gab, und der Staat hatten ein Interesse an dem Vorhandensein zins- und steuerkräftiger Bauern.

Auch die Einführung des gemeinen Erbrechtes im neunzehnten Jahrhundert hat die Anerbensitte nicht zu zerstören vermocht. Ja die Gesetzgebung selbst ist zum Teil wieder dem bäuerlichen Brauch entgegengekommen, indem sie das Anerbenrecht als Intestaterbrecht für die Bauerngüter in den Kleinstaaten und in der preußischen Grafschaft Schaumburg verbindlich, in Hannover und Westfalen wahlfrei (durch Eintragung des Besitztums in die Höferolle, wie sie in Hannover heißt, oder in die Landgüterrolle, wie man in Westfalen sagt) einführte. Die Fälle freilich, daß der Bauer stirbt, ohne durch Testament oder — was noch häufiger vorkommt — durch Übergabe bei Lebzeiten über den Hof verfügt zu haben, sind selten. Und selbst dann einigen sich die Geschwister, auch wenn Teilung rechtlich zulässig wäre, gütlich über die Einsetzung eines Anerben. Das Interesse des Hofes steht höher als der Eigennutz des einzelnen. Dies zeigt sich auch darin, daß die Erben oft mit geringeren Abfindungen zufrieden sind, als ihnen das Gesetz oder der Wille des Erblassers zugedacht hat.

Daß der Bauer gern bei Lebzeiten „abgibt", hat seinen Grund darin, daß er dem herangewachsenen Sohn und seiner unverbrauchten Kraft, besonders bei Gelegenheit seiner Verheiratung, ein Feld der Tätigkeit eröffnen, sich selber aber Ruhe gönnen will.

Die alten Leute gehen dann auf die Leibzucht, „up Lieftide", wie man im Mindenschen sagt. In dieser Gegend ist, wenigstens auf größeren Höfen, ein besonderes Leibzuchtshaus vorhanden; sonst wohnen die Altenteiler bei den jungen Leuten, in deren Hause ihnen eine besondere Kammer und der beste Platz hinter dem Ofen eingeräumt ist. Außerdem werden von ihnen einige Naturalleistungen, Nutzung von Ländereien, einige Stück Vieh, Hüterecht für dieses, Fuhren, etwas Taschengeld, „Hege und Pflege in gesunden und kranken Tagen und ein christliches Begräbnis" in der Regel vertraglich ausbedungen.

Anerbe ist in der Regel der älteste Sohn, in Ermanglung von Söhnen die älteste Tochter. Indessen bevorzugen einige Gegenden, und zwar Osnabrück und Ravensberg, sowie der größte Teil von Minden, den jüngsten Sohn oder die jüngste Tochter, wobei wohl der Wunsch der Väter maß-

§. Abb. 41. Klosterkirche in Bursfelde. (Zu Seite 70.)

S. Abb. 12. Hugenotten aus Gewissenruh.
(Zu Seite 70.)

gebend ist, die Generationenfolge zu verlangsamen. Wenn der Älteste erbt, heißt es, kommt die Wiege gar nicht vom Hof. Die Geschwister des Anerben haben in dem Hofe, von dessen Besitz sie ausgeschlossen sind, immer einen Rückhalt. Sie bleiben bis zu ihrer Konfirmation regelmäßig dort und erhalten auch später freien Unterhalt im Falle von Krankheit und Gebrechlichkeit oder auch sonst auf ihren Wunsch, wenn sie bereit sind, bei der Arbeit zu helfen. Freilich gelten sie dann durchaus nicht etwa als ebenbürtig mit dem Bauern. Ich redete in meinem Heimatsdorf einst den älteren Bruder eines Besitzers, der als Knecht auf dem Hofe lebte, mit „Guden Tag, Korf!" an. — „Guden Tag," erwiderte er, „awer eck sin nich Korf; eck sin Korf sin Broer." Also auf dem Familiennamen hatte er keinen Anspruch; der gehörte dem Inhaber der Stelle; er war „blot de olle Hinnak", und das hätte ich wissen müssen. Verlassen die Geschwister des Anerben den Hof, so fallen sie durchaus nicht dem Proletariat anheim, wie man behauptet hat, sondern bilden auch weiter einen wertvollen Bestandteil der Gesellschaft. Nach einer von Spee mitgeteilten Erhebung über 4561 Abfindlinge von 1204 westfälischen Höfen waren 19 % auf den Höfen geblieben. Von den übrigen Brüdern und Schwestern des An=

Abb. 13. Carlshafen vom Diemeltal aus gesehen.
Nach einer Photographie von Alfred Menzhausen. (Zu Seite 72.)

erben ist der Beruf ermittelt. Danach sind von den Männern 46% durch Heirat, Erbschaft, Kauf oder Pachtung wieder selbständige Landwirte geworden, 22% selbständige Unternehmer im Handel oder Gewerbe, 16% haben liberale Berufe ergriffen (darunter akademisch und seminarisch gebildete Lehrer, Geistliche, Ärzte, Juristen, Ingenieure, Tierärzte, Apotheker usw.), 10% sind unselbständige Arbeiter geworden, 4% sind ausgewandert. Von den Frauen haben sich die meisten verheiratet, darunter 72% an selbständige Landwirte.

Wer unser ganzes Gebiet von einem Ende bis zum andern durchreist, dem wird es auffallen, wie verschieden die Dörfer sich ausnehmen. Im Einzelhofgebiet kann man freilich von Dörfern nicht reden. Es gibt nur Bauerschaften, die höchstens einen dorfähnlichen Kern haben. Sonst zeigt das Land-

Abb. 44. Helmarshausen und die Krukenburg gegen den Solling.
Nach einer Photographie von Alfred Menzhausen. (Zu Seite 72.)

schaftsbild durcheinander offenes Feld, Esch genannt, und eingehegte Kämpe, Wiese und Buschwald und dazwischen versteckt unter alten Eichen und Buchen die Gehöfte (Abb. 24, 26 u. 101), sowie abseits von diesen wiederum die Heuerlingshäuser. Von den Höhen der Weserkette herabschauend, sieht man dagegen geschlossene Ortschaften, deren rote Dächer von Bäumen umgeben sind. Aber das Weiß, das im Frühling an die Stelle des Baumgrüns tritt, verrät es uns, daß es keine Wald-, sondern Obstbäume sind, die auf den Höfen wachsen. Wenn wir weiter weseraufwärts ins Calenbergische kommen, so überwiegt das Rot im Dorfbilde, das Grün tritt mehr zurück. Doch ersetzt im Süden, vor allem im Solling, wieder der durch das Alter meist grau gefärbte Buntsandsteinschiefer (Sollinger Platten) die Ziegelbedeckung, so daß die Dörfer dort etwas Düsteres bekommen. Übrigens wird nach der Oberweser hin auch der Grundriß der Siedelungen anders. Straßenweise reiht sich Haus an Haus. Der geräumige Hofraum, mit dem in Westfalen geradezu Verschwendung getrieben wird, fehlt fast ganz. Ackergeräte und Wagen, sowie das in hohen Haufen aufgeschichtete Buchenbrennholz lagern in malerischem Durcheinander auf der Straße, die dem Jungvieh und Geflügel, besonders den zahlreichen Gänsen, sowie auch der menschlichen Dorfjugend zum gemeinsamen Spaziergang und Tummelplatz dient (Abb. 62). Reihendörfer finden sich allerdings auch im Norden des Gebietes, im Schaumburgischen, aber von wesentlich anderem Charakter. Es sind die im dreizehnten Jahrhundert angelegten, auch jetzt noch durch mancherlei Eigentümlichkeiten in Geschmack und Sitte ausgezeichneten Hagendörfer. Ihren Ursprung verdanken sie einzelnen Fürsten, die meist fränkische Kolonisten vom Niederrhein im Waldlande ansiedelten. Sie liegen nur an einer Seite einer geraden Straße. Hinter dem Hause ist der Garten und etwas Weideland, das an einen Bach stößt. Auf der anderen Seite der Straße liegt in langen Streifen der Acker. Augenscheinlich ist diese Kolonisationsform der der Marschendörfer an den Weser- und Elbmündungen nachgeahmt. Sie wurde aber auch später noch angewendet, so in Hessendorf bei Rinteln, einer im Jahre 1660 von dem hessischen Landgrafen gegründeten Ansiedlung lippischer Kolonisten, und ähnlich an der Oberweser in dem 1722 angelegten Hugenottendorf Gewissenruh (vergl. Seite 70).

s. Abb. 45. Basaltbruch am Hohen Hagen. (Zu Seite 73.)

Eine noch größere Mannigfaltigkeit als bei den Dorfformen findet sich auf dem Gebiete der Hausformen. Nur im äußersten Süden, bei Münden, herrscht das fränkische Haus (Abb. 23). Es steht mit seinem Giebel an der Straße, auf welche die Stubenfenster herausblicken. Daneben ist die Einfahrt in den Hof. Von diesem gelangt man durch eine schmale Haustür an der Langseite in das Wohnhaus. Die anderen Seiten des Hofes sind von den Ställen und Scheuern umgeben. Dieser Haustypus dringt im Süden und Osten unseres Gebietes vor, teils das Sachsenhaus verdrängend, teils das Entstehen von Mischformen begünstigend.

s. Abb. 46. Trendelburg an der Diemel. (Zu Seite 74.)

In allen übrigen Teilen der Weserberge bildet dagegen das altsächsische Bauernhaus noch immer die Grundform der älteren ländlichen Wohnungen (Abb. 22, 24 bis 28).

Das Wesen dieses oft gerühmten, von Justus Möser in seinen patriotischen Phantasien und in seiner Osnabrückischen Geschichte verherrlichten Hauses ist, daß für alles, was zur bäuerlichen Wirtschaft gehört, Raum unter einem einzigen Dache und bei ursprünglich nur einer Feuerstelle geschaffen ist. Der Grundriß hat die Form eines länglichen Vierecks. Nähern wir uns einem der ganz alten Häuser, wie sie in dem westfälischen, besonders in dem osnabrückischen Teile unseres Gebietes noch vereinzelt vorkommen, so fällt uns das hohe Strohdach auf, das sich von der langgestreckten First nach den beiden niedrigen Langwänden zu gleichmäßig herabsenkt. Der Vordergiebel ist gleichfalls mit Stroh verkleidet und bildet einen flach gewölbten Walm an seinem oberen Ende, unterbrochen durch eine dreieckige Öffnung, die von zwei gekreuzten Brettern, den „Windfedern", umrahmt wird (ähnlich auf Abb. 24); sie sollen das Strohgeflecht gegen den

Abb. 47. Hirschfütterung im Reinhardswald.
Nach einer Photographie von Oberförster J. von Wangelin in Zirelno.
(Zu Seite 74.)

Sturm schützen, der es sonst zerzausen würde. Sie haben als Schmuck meist die nach außen schauenden geschnitzten Pferdeköpfe oder einen senkrecht stehenden verzierten Stab.

Wir betreten das Haus durch die in der Mitte der vorderen Schmalseite befindliche Einfahrtstür. Sie ist breit und hoch genug, um einen voll beladenen Erntewagen hereinzulassen. Sie führt uns auf die gepflasterte oder mit gestampftem Estrich versehene Diele, auf der allerhand Geräte, Häcksel, Grünfutter und dergleichen herumliegen (Abb. 25). Hund und Hühner, junge Schweinchen und kleine Kinder tummeln sich hier und gehen durch das weit geöffnete Tor aus und ein. Von links schauen über ihre Krippen die Kühe, von rechts die Pferde herein. Denn von den Ställen ist die Diele nicht durch Wände getrennt, sondern durch die eichenen Ständer, die allein, ohne Mithilfe der Außenwände, das Dach tragen. Da die Ställe nicht zum Dache hinaufreichen, ist über ihnen noch die Hille, ein schräger Raum, verfügbar, der von der Diele auf Leitern erstiegen wird. Oft bleibt er offen und dient als Lagerstätte für Holz, Heu, Futter oder kleinere Geräte; oft ist er auch durch eine leichte Wand verschlossen, hinter der sich dann einzelne Kammern befinden. Auch die Diele selbst reicht nicht bis zum Dach. Doch ist der Bretterboden, der sie nach oben abschließt, viel höher als der über den Ställen. Durch die Luken dieses Bodens werden vom Erntewagen aus die Garben und Heubündel nach oben gereicht, durch dieselben Luken wirft man sie im Bedarfsfalle wieder herab. Am Ende der Diele befindet sich der Herd, bei ihm die Küche, die sich quer durch das Gebäude bis zu den beiden Langseiten des Hauses fortsetzt und hier zwei schmale Türen nach dem Hofe hat. Über dem Herde hängen Würste, Schinken und Speckseiten am „Wiem" (Abb. 27). Ganz am Ende, mit den Fenstern nach der rückwärtigen Schmalseite hingewendet, liegen zu ebener Erde die Wohnräume, meist eine Stube und zwei Kammern.

Das ganze Gebäude ist in Fachwerk aufgeführt. Das Gebälke ist eichen. Die Füllung der Fächer besteht aus grobem Flechtwerk, das mit Lehm überstrichen ist (Abb. 26).

Erwähnen wir noch, daß ein Schornstein nicht vorhanden ist, daß der Rauch vielmehr durch die offene Tür und das Loch im Giebel entweicht, so haben wir wohl die Haupteigen-

Abb. 48. Das Rathaus in Einbeck.
Nach einer Photographie von Prof. W. Nürnberg in Hannover. (Zu Seite 76.)

tümlichkeiten der ältesten noch vorhandenen Hausform erschöpft.

Diese ist indessen äußerst selten geworden, obgleich nach Justus Möser kein Vitruv imstande wäre, mehr Vorteile zu vereinigen. Neubauten werden in dieser Weise nicht mehr aufgeführt. Aber auch manches alte Haus hat sich Umgestaltungen gefallen lassen müssen, Abänderungen auch die Baupläne späterer, in den letzten Jahrzehnten errichtete Häuser, so daß die in unseren Tagen erstehenden ländlichen Wohnstätten mit den alten Bauüberlieferungen entweder nur einen lockeren Zusammenhang wahren oder auch diesen bewußtermaßen aufgeben.

Abb. 49. Eickesches Haus in Einbeck.
Nach einer Photographie von Prof. W. Nürnberg in Hannover. (Zu Seite 76.)

Ehe wir aber über dieses Schwinden eines Stückes heimischer Eigenart klagen und etwa in die Vorwürfe einstimmen, die man geneigt ist den Bauern zu machen, weil sie das schöne niedersächsische Landschaftsbild durch Errichtung charakterloser Nützlichkeitsbauten verunzieren, wollen wir uns klar werden, daß auch jenes älteste Haus, wie wir es vor unserem inneren Auge erstehen ließen, schon seine Geschichte hinter sich hat und an die Stelle noch älterer Gebilde getreten ist. Als unsere Vorfahren etwa im ersten Jahrhundert unserer Zeitrechnung sich zur Gründung fester Wohnsitze in größerem Umfang entschlossen, haben sie vermutlich das Zelt als Muster für das Haus genommen. Jenes aber hatte noch keine Längswände, und so wird auch vermutlich das erste Haus — ähnlich den Schafställen der Lüneburger Heide — nur aus einem bis zur Erde reichenden Dach und zwei Giebelwänden bestanden haben. Allmählich nötigte die Erweiterung des Raumes dazu, Ständer im Innern anzubringen, die das Dach stützten und später ganz und gar trugen (Abb. 25): aus dem einschiffigen wurde der dreischiffige Bau. Jetzt erst konnten die Seitenschiffe eigene Außenwände erhalten. Zugleich wurden sie konstruktiv vom Mittelbau losgelöst, indem sie eigene, leichtere Dachsparren erhielten. Nun ward, wie es scheint, die Teilung des Raumes eine feststehende: die Seitenschiffe gehörten dem Vieh, der Mittelraum blieb frei für menschliche Arbeit und Erholung,

Abb. 50. Bremer Straße bei Beverungen. (Zu Seite 79.)

oben lagerten die Vorräte. Die Ständer aber gewannen eine solche Bedeutung, daß nach der Zahl der von ihnen gebildeten Abteilungen, der „Fächer", die Häuser in Klassen eingeteilt wurden.

Abb. 51. Zwei Fährleute, Vater und Sohn, aus Wehrden. (Zu Seite 79.)

Begnügten sich in den ältesten Zeiten die menschlichen Insassen des Hauses zum Schlafen mit den dem Herde zunächstliegenden Teilen der Seitenschiffe oder mit den Dachräumen darüber und zum Wohnen mit der von der Diele noch nicht getrennten Küche, so fingen allmählich die Wohlhabenderen an, sich an der Rückwand des Hauses eine Kammer anzubauen, die sich allmählich zu einem völligen Wohnbau auswuchs. Diese Änderung trat nach Jostes zu verschiedenen Zeiten ein, sicher nirgends vor dem sechzehnten Jahrhundert, d. h. also in einer Zeit, in welcher sich auch auf den Edelsitzen und in den Städten das Bedürfnis nach größerem Wohnbehagen geltend machte. Ein anderer Haustypus zeigt die Kammern seitwärts von der Küche, die nun statt der beiden Seitenausgänge einen Hinterausgang erhält (Abb. 27).

Weitere Änderungen folgten. Die Küche ward durch eine Wand von der Diele getrennt (Abb. 25) und erhielt einen Schornstein. Um ihr mehr Licht zu geben, zog man ihre Wände hoch und versah sie mit Fenstern. An anderen Teilen des Hauses wurde dasselbe Verfahren eingeschlagen, und so mußten auch die Außenwände einen Teil der Dachlast tragen helfen. Daher mußte dann das Gezimmer des ganzen Hauses in sich fester werden. Es wurde zum Kasten, der desto stärker sein mußte, je schwerer er zu tragen hatte. Die höheren Wände verlangten stärkeren Schutz gegen Wind und Wetter: je nach den natürlichen Hilfsquellen der Gegend wurde das Lehmflechtwerk durch Back- oder Bruchsteine ersetzt. Ebenso traten Ziegel, im Oberwesergebiet Buntsandsteinschiefer, an die Stelle des Dachstrohes. Solch ein schweres Dach bedarf aber keiner Windfedern. So verschwinden vielfach die Pferdeköpfe und Giebelsäulchen, wenn sie nicht lediglich als bedeutungsloser Schmuck weiter verwendet oder unter dem Einfluß gelehrter Freunde des Heimatschutzes wieder eingeführt werden. Vor neue Aufgaben stellt jetzt der Giebel die Baumeister. Der eine läßt den alten Walm bestehen und bedeckt seine flache Wölbung mit Ziegelpfannen, so besonders in der Gegend von Min-

S. Abb. 52. Fürstenberg. (Zu Seite 79.)

den und Hameln; ein anderer legt eine ebene Giebelfläche an, die aber schräg geneigt wird, und zwar ungefähr unter demselben Winkel wie früher der Walm, und deckt auch sie mit Pfannen, so am Nordfuß des Wiehengebirges; die meisten aber bauen den Giebel senkrecht und decken ihn ganz oder teilweise mit Ziegeln oder Sollinger Platten (Abb. 24 u. 62), oder sie vernageln ihn mit Brettern, die im Osnabrückischen wagerecht, im Lippischen und Schaumburgischen lotrecht verlaufen (Abb. 26 u. 28); oder endlich sie führen ihn als eine Fachwerkswand mit Ziegelfüllung bis dicht unter die First hinauf, so bei Osnabrück und Minden (Abb. 22 u. 62). Diese Eigentümlichkeiten sind übrigens nicht immer örtlich begrenzt,

s. Abb. 53. Corvey. (Zu Seite 80.)

sondern hängen vielfach vom Können und vom Geschmack des Zimmermeisters oder des Bauherrn ab. Macht das alte Strohhaus in seiner Form einen ehrwürdigen und zugleich malerischen Eindruck, so hat das neuere Bauernhaus, das Bauernhaus hauptsächlich des achtzehnten und neunzehnten Jahrhunderts, durch das viele außen sichtbare Holz der Freude an der Farbe neue Nahrung gegeben. Die Ziegelfächer zeigen entweder das natürliche Rot des Backsteins nebst sauberen weißen Fugen, oder sie sind weiß, seltener rot oder gelb getüncht. Die Balken sind braun oder schwarz gestrichen. Die Giebelbretter liebt der Osnabrücker Bauer grün, in anderen Gegenden zieht man rotbraune Färbung vor.

Abb. 54. Eingang zur Abtei Corvey.
Photographie und Verlag von Otto Buchholz' Buchhandlung (Ernst Ammen) in Höxter. (Zu Seite 80.)

Die Türen zeigen rohe, aber zuweilen nicht ungefällige Flachornamente. Selten dagegen ist die Unsitte, Balken und Fächer gleichmäßig weiß zu übertünchen, um den Eindruck des Massiven zu machen. Nur am Südfuß des Osnings bei Halle habe ich es im Gegensatz zu den geschmackvollen Bauten des Städtchens beobachtet, besonders aber auch im Diemeltale.

Sicher ist, daß das Anbringen von Inschriften erst mit

Abb. 55. Höxter, vom Kellenteller aus gesehen. Photographie und Verlag von Otto Buchholz' Buchhandlung (Ernst Thumen) in Höxter. (Zu Seite 79 bis 81.)

dem Fortfallen des Strohwalms möglich oder doch üblich wurde. Über der Türe nennen der Erbauer und die Erbauerin des Hauses ihre Namen nebst der Jahreszahl der Errichtung. Begnügt man sich hiermit in der Regel an der Oberweser, so lassen die Bauherren im Norden und Westen es sich nicht nehmen, einen Segenswunsch oder frommen Spruch hinzuzufügen. Sehr verbreitet ist z. B. der Vers: „Wer Gott vertraut, hat wohl gebaut", auch mit dem Zusatz: „im Himmel und auf Erden". Was zu dem Bau Veranlassung gegeben, berichtet folgende Inschrift, die Wolf aus dem Kreise Halle mitteilt: „Durch Feuersgluht und strenger Hand, das vorige Haus ist abgebrannt, bewahr O, Gott, dieses Haus, vor Feuer, Schaden, Sturm und Braus, zieh du mit deinem Segen ein, und laß es dir, befohlen sein." Mit mißverstandener Gelehrsamkeit prahlt ein „lateinischer Bauer", indem er das schöne Wort „Ora Edla Bora" über seine Haustür setzt, wogegen die natürliche Weisheit des folgenden Spruches angenehmer berührt: „Man öffnet schnell die Thür, wenn einer klopfet an; wie oft klopft Gott ans Herz, und wird nicht aufgethan." Den Kampf zwischen Hochdeutsch und Plattdeutsch verewigt folgende Inschrift aus dem Jahre 1609: „Nach Dir Her verlanget mir min Gott Ich hafve Dir Las mir nicht to Standen werden Dat sik mine Vien nicht frowen werden." Im Mindenschen herrschen Bibelsprüche vor.

Weit einschneidender als diese Ausgestaltungen des alten Typus sind gewisse Änderungen im Grundriß. Hatte man einmal das Gezimmer des Hauses zu einem festen Kasten gemacht, der in allen seinen Teilen das Dach gleichmäßig trug, so konnte man dieses auch im rechten Winkel umdrehen, oder mit anderen Worten, man konnte aus der Längsdiele eine Querdiele machen. Dies ist östlich von den Wesergegenden in Ostfalen vielfach geschehen. Vereinzelte Beispiele findet man aber auch in allen Teilen unseres Gebietes.

Eine weitere Änderung ist die, daß man Wohnende und Viehstall miteinander vertauschte (Abb. 28). Hierbei war wohl der Wunsch maßgebend, der Straße näher zu wohnen, vom Zimmer aus das Leben im Dorfe überblicken zu können. Wenn wir aber diese eigentümliche Hausform besonders an der Oberweser, und zwar hier als herrschende, vorfinden, so werden wir sie wohl auch auf den Ein=

§. Abb. 56. Schloß Bevern. (Zu Seite 82.)

Abb. 57. Schichtung der Muschelkalk=Formation bei Bodenwerder.
Nach einer Photographie von W. Wehrhahn in Hannover. (Zu Seite 82.)

fluß des Nachbargebietes mit seinem mitteldeutschen Hause zurückführen müssen. Daß die Diele hierbei möglichst schmal wird, um die ohnehin übermäßig ge= trennten Wohnzimmer nicht noch mehr voneinander zu reißen, versteht sich von selbst (Abb. 25 u. 27).

Auch die Zweistöckigkeit ist eine solche Abweichung von der Grundform, die wir besonders im Süden beobachten (Abb. 62).

Noch tiefer aber als alle diese bisher erwähnten Veränderungen an dem alten Hause sind die, welche ihm die neuen Wirtschaftsformen des neunzehnten Jahr= hunderts aufgezwungen haben. Verkoppelung und Gemeinheitsteilung — Stall= fütterung — künstlicher Dünger — Vermehrung des Viehstandes — größere Ernte= erträge — Dreschmaschinen — jedes dieser Worte erklärt Änderungen an der Behausung des Landwirts. Mehr Ställe, mehr Scheuern müssen geschaffen werden, erstere zunächst in Anbauten rechts und links von der Diele, jene unter besonderem Dach. Die Dreschtenne ist als solche nicht mehr nötig; sie wird zum Hausflur, also schmaler und mit vollständigen Wänden an den Seiten. Anderseits hört das patriarchalische Zusammenleben von Herr und Knecht mehr und mehr auf; daher werden weitere Wohnräume nötig, und so verbreitet sich der hintere Wohnteil. Ferner ist das Eichenholz nicht mehr zu erschwingen. Dafür liefern Eisen, Beton, Zementpfannen, schließlich sogar gepreßtes Blech und Dachpappe billiges Bau= material. Was Wunder, wenn das neue, massive Bauernhaus mit seiner nüchternen Außenseite nur noch in der breiten Haustür an der Giebelwand eine gewisse Er= innerung an seine Vorgänger bewahrt. „Es ist der Geist, der sich den Körper baut," und jener ist eben ein anderer geworden. Der Gedanke des Zusammen= lebens der sämtlichen Familien= und Wirtschaftsgenossen nebst ihrem Viehstand und ihren Vorräten unter demselben Dache hat nun einmal aufgegeben werden müssen, und eine neue ästhetisch wirkende Hausform fehlt noch.

Abb. 58. Polle. (Zu Seite 83.)

Mit dem alten Hause schwindet auch die Volkstracht. Für die Männer ist sie im ganzen Gebiete nahezu ausstorben (Abb. 35). Daß sie den Frauen vorangingen, darüber wird man sich nicht wundern, wenn man bedenkt, wie viel mehr die Männer Gelegenheit haben, die Heimat zu verlassen, als die Frauen. Aber auch weibliche Volkstrachten haben sich nur noch auf einem schmalen Landstriche längs des Bückeberges, der Weserkette und des Wiehengebirges erhalten. In einigen anderen Gegenden Westfalens und Lippes sind höchstens Reste und Andeutungen, z. B. in eigentümlichen Haubenformen, vorhanden (Abb. 28 u. 29).

Am bekanntesten ist die farbenprächtige sogenannte Bückeburger Tracht, die auch in einigen hessisch=schaumburgischen und westfälischen Kirchspielen rechts der

Abb. 59. Die Steinmühle. (Zu Seite 82 u. 83.)

Weser verbreitet ist (Abb. 30 bis 33 u. 86). Die Männer trugen früher — hie und da tun es einige alte Bauern auch noch — einen langen weißleinenen Kittel mit vielen blanken Messingknöpfen und rotem Flanellfutter und auf dem Kopfe eine Pelzmütze oder einen breitkrempigen Filzhut (Abb. 30).

Die Frauenkleidung zeichnet sich besonders durch den fußfreien, feuerroten Tuchrock aus, dessen Stoff — vielleicht nach seiner friesischen Herkunft — Friesat, sonst auch Büffel oder Schierlaken genannt wird. Die Frauen tragen ihn stets außer beim Abendmahl, wo ein schwarzer an seine Stelle tritt. Der Schnitt und der Farbenton des Rockes ist in den einzelnen Landesteilen verschieden; ebenso unterscheiden sich einige andere Stücke des Anzuges, wie Wams, Mütze, Nackentuch, Schürze und Mantel. Man spricht daher von einem hessischen oder Lind=

Abb. 60. Bodenwerder. Rechts die Königszinne.
Nach einer Photographie von Carl Thoericht in Münden. (Zu Seite 78 u. 83.)

horster Typus (Abb. 31), den wir z. B. in Rennddorf am Deister noch beobachten können, von einem Friller Typus, der nördlich von Minden herrscht, und von dem eigentlichen Bückeburger. Bei diesem letzten fallen uns besonders die festen Mützen mit den ungeheuren steifen Bandschleifen auf. Die letzteren sind verhältnismäßig jungen Ursprungs. Bis gegen Ende der siebziger Jahre waren die Schleifen noch klein und ungesteift (Abb. 30). Dann griff man zur Pappeinlage und hatte nun ein Mittel gefunden, sie allmählich bis ins Ungemessene zu vergrößern (Abb. 32 zeigt den Übergang). Die Folge davon ist freilich gewesen, daß die Mütze jetzt schwer und lästig ist und bei der Arbeit oder zu Hause vielfach gar nicht aufgesetzt wird (Abb. 33). Ein besonders wertvolles Schmuckstück ist die „Kralle", die Bernsteinhalskette mit silbernem Schloß, zu der in einzelnen Landesteilen noch eine silberne Halsbinde kommt. Überhaupt hat die ganze Tracht den Charakter des Prunkenden, aber auch zugleich des Soliden und Echten. Wäre das einzelne Kleidungs= oder Schmuckstück nicht für ein Menschenleben oder gar

Abb. 61. Schloß Hehlen. (Zu Seite 83.)

für eine Folge von Generationen gemacht, so würde gewiß die Tracht längst verschwunden sein.

Eine gewisse Abart des Schaumburger Kostüms herrscht am linken Weserufer in der Mindener Gegend. Die Hauptabweichung besteht außer in der Mützenform (Abb. 34) darin, daß die weißen Halskrausen und leider auch die roten Röcke nebst sonstigen farbigen Bestandteilen der Kleidung seit den sechziger Jahren verschwunden sind. Man nennt diese Tracht daher bezeichnenderweise die „schwarze Tracht". Ihres Hauptreizes beraubt, fällt sie natürlich noch leichter der Gleichmacherei zur Beute und wird sicher ziemlich bald der vordringenden städtischen Kleidung den Platz räumen. Aber auch die bunte Schaumburger Tracht geht, obwohl langsamer, kirchspielweise, denselben Weg (Abb. 33) und wird wie das altsächsische Haus nach Verlauf weniger Jahrzehnte wohl nur noch als antiquarische Merkwürdigkeit bewundert werden können.

VI. Geschichtliches.

Eine Geschichte des Weserlandes zu schreiben, kann nicht der Zweck dieses Buches sein; auch würde ein solches Unternehmen voraussetzen, daß der Landstrich politisch eine Einheit darstellte. Das ist nun aber fast nie der Fall gewesen, und so wird sich diese historische Skizze, die der Beschreibung der einzelnen Landschaften vorausgehen mag, die Aufgabe stellen, die Buntscheckigkeit der heutigen politischen Landkarte zu erklären und nebenbei einige Ereignisse zu berühren, die sich ausschließlich oder doch vorzugsweise im Weserland abgespielt haben.

Seit dem vierten Jahrhundert v. Chr. finden wir dort fast überall Germanen außer links von der Weser, von wo die letzten Kelten weit später, wenn auch sicher schon vor Cäsars Feldzügen nach Westen gedrängt worden sind. Zur Zeit der Römereinfälle wohnten an der oberen Weser die kriegerischen Cherusker, von Angrivariern, Brukterern und Chatten im Norden, Westen und Süden umgrenzt. Sie und ihr tapferer und verschlagener Häuptling Arminius hatten die Führung

jener Stämme in den Freiheitskriegen gegen die römischen Feldherren Quintilius
Varus und Germanikus; in ihrem Gebiete lag der Teutoburger Wald, wo die
Legionen des Varus im Jahre 9 n. Chr. aufgerieben wurden, und Idistavisus, wo
Germanikus einen solchen Sieg davon trug, daß ihm der Geschmack an weiteren
Lorbeeren verleidet wurde. Idistavisus ist vermutlich an der Weserkette zu suchen,
doch wissen wir nicht wo; und auch die Lage der Teutoburg wird sich wohl nie
mit unumstößlicher Gewißheit feststellen lassen. Viel für sich hat die Annahme
Clostermeiers (1822), die auch Schuchhardt neuerdings vertritt, daß die Grotenburg
bei Detmold, auf der jetzt das Denkmal des Arminius steht, die alte Teutoburg
sei. Jedenfalls ist sie eine der altgermanischen Volksburgen, wie sie in Krieges=
zeiten zum Sammeln des Aufgebots und als Zufluchtsstätte für Menschen und
Vieh benutzt wurden, und zwar in unserem Gebiet die einzige sicher festzustellende;
denn die Hünenburg bei Bielefeld und die Sieburg im Dreieck zwischen Diemel
und Weser bei Carlshafen können auch jünger sein.

Einige Jahrhunderte nach jenen Kämpfen ist die Erinnerung an die alten
germanischen Stammesbezeichnungen verschwunden. Es leben in Norddeutschland
die kühnen, freien Sachsen, abgesehen von den Nordalbingern in die Stämme der
Westfalen, Engern und Ostfalen geteilt. Nehmen manche Geschichtsschreiber eine
friedliche Verschmelzung der alten Völkerschaften und die allmähliche Ausdehnung
des Namens Sachsen auf die geeinte Stammesfamilie an, so stellen sich andere
Forscher den Vorgang weniger idyllisch vor. Gewichtige Stimmen sprechen von
einer im dritten und vierten Jahrhundert schrittweise vorgehenden Unterwerfung
der Länder zwischen Rhein und Elbe durch die aus Holstein kommenden Sachsen.

Für ihren kriegerischen Sinn zeugt die große Zahl der von ihnen errichteten
Burgen. Es sind große befestigte Heerlager auf unzugänglichen Bergen, vielfach
nur aus einer Mauer bestehend. Der ahnungslose Wanderer, der etwa die
Amelungsenburg bei Hessisch=Oldendorf oder den Wittekindsberg bei der Porta be=

Abb. 62. Straße in Eschershausen.
Nach einer Photographie von Prof. W. Nürnberg in Hannover. (Zu Seite 49, 53 u. 86.)

Abb. 63. Adam und Eva am Ith.
Nach einer Photographie von Prof. W. Nürnberg in Hannover. (Zu Seite 86.)

tritt, wird die im Buchenwalde versteckt liegenden Wälle kaum beachten, wogegen der Forscher in ihnen wie in vielen anderen, z. B. der Karlsschanze bei Willebadessen, der Iburg bei Driburg, der Herlingsburg bei Schieder, der Obensburg bei Hameln, die deutlichen Züge der altsächsischen Befestigung erkennt.

Trotz ihrer Tapferkeit erlagen die Sachsen den fränkischen Eroberern, die mit einem Netz von Straßen, Wirtschaftshöfen und Burgen das Land überzogen. Auch von ihren Befestigungen finden wir Reste und erkennen sie an ihrer Zweiteiligkeit. Der kleinere befriedete Raum umschloß die Wohnung des Wirtschafters oder Befehlshabers, der größere enthielt den nötigen Platz für Zelt- oder Barackenlager. Zu diesen Burgen gehören u. a. Altschieder bei Schieder, die Bennigserburg und die Heisterburg im Deister, die Babilönie bei Lübbecke und die sogenannte Wittekindsburg bei Rulle. Diese Festen bieten in ihren Überbleibseln dem nicht sachkundigen Beschauer ebensowenig des Merkwürdigen wie die Sachsenlager. Viele andere, zumeist die jüngeren, haben überhaupt keine Spuren hinterlassen, da sie in Dörfern oder Städten aufgegangen sind. Da Karl der Große längs der Straßen und Marken alles Land der Verfügung des Staates unterstellte, sächsische Bauern vielfach verpflanzte, und für sich und seine Getreuen sowie für geistliche Stiftungen bedeutende Güter aussonderte, die dann mit abhängigen Kolonisten aus dem Frankenlande besiedelt wurden, so brachte er allmählich alle wichtigen Plätze in die Hand sicherer Leute. Natürlich erbitterte die Errichtung dieser großen Grundherrschaften, diese völlige Umwälzung der Eigentumsverhältnisse die Sachsen aufs äußerste. Gleichwohl lag darin auch ein Anreiz, sich mit der neuen Herrschaft zu versöhnen und den Lohn der „Treue" in Gestalt reichen Königsguts entgegenzunehmen. So vertauschte, nachdem der Engernfürst Bruno sich bereits 775 unterworfen hatte, auch der Westfale Wittekind zehn Jahre später die Rolle des Bauerngenerals mit der des reichen Grundherrn von Königs Gnaden.

Aufs engste war unter Karl und seinen Nachfolgern mit der politischen Eroberung die kirchliche verknüpft. Bistümer erstanden wie Osnabrück, Minden, Paderborn u. a. Ihre Diözesen und derer Unterabteilungen schlossen sich ebenso wie die fränkischen Gerichts- und Verwaltungsbezirke, die Gaue, an alte Stammgebiete und volkstümliche Gerichtssprengel an.

Von den drei alten Provinzen Sachsens interessiert uns zumeist Engern. Ostfalen scheidet abgesehen von einem Teil der Hilsmulde ganz aus unserer Betrachtung aus, und westfälisch ist von dem auf Seite 4 umgrenzten Gebiet nur der Teil, der von der Linie Bünde-Brackwede nordwestlich liegt. In Engern lag die alte Thingstätte Markloh (d. h. Grenzwald), wo die Abgesandten der Sachsen zusammenkamen. In Engern spielten sich auch die meisten Hauptereignisse des sächsisch-fränkischen Krieges, Überwinterungen, Reichstage, Belagerungen, Schlachten, ab. Man denke an die Eresburg (Marsberg), an Herstelle, Lügde, Schieder, Detmold, Paderborn, den Süntel, Lübbecke.

Zur Ottonenzeit war es ruhig in den Weserlanden. Das politische Schwergewicht hatte sich nach Ostfalen verschoben, wo es auch unter den Saliern blieb. Engern erfreute sich allerdings häufiger Besuche der Herrscher. Herford und Corvey sowie, ihnen nacheifernd, Paderborn und Minden wirkten kulturfördernd; aber doch hatte das Weserland kein Goslar, kein Hildesheim aufzuweisen. Auch von dem Emporblühen der westfälischen Städte Osnabrück, Münster, Soest und Dortmund hatte das Weserland, das alte Engern, wenig Vorteil.

Im elften Jahrhundert verschwindet übrigens der Name Engern allmählich. Als mit dem Sturze Heinrichs des Löwen (1180) das Herzogtum Sachsen, das noch kurz zuvor dem Kaiser selber Trotz zu bieten vermochte, in Stücke geschlagen ward, da lösten sich die Bande zwischen den Ländern rechts und links der Weser. Paderborn kam an das unter dem Erzbischof von Köln stehende Herzogtum Westfalen. Auch Minden, das selbständig gewordene Bistum, wurde später zu Westfalen gerechnet; durch die Maximilianische Kreiseinteilung (1512) gelangte auch Schaumburg dazu, während die welfischen Lande den

S. Abb. 64. Am Rotenstein bei Eschershausen. (Zu Seite 87.)

Hauptbestandteil des niedersächsischen Kreises bildeten. Diese scharfe Scheidung scheint auch auf die Entwicklung der Stämme von Einfluß gewesen sein. Denn das niedersächsische Plattdeutsch weist von dem westfälischen bedeutende Unterschiede auf. Heißt es in Westfalen „mi" und „di", so sagt man in einem Teile Niedersachsens „meck" und „deck"; sagt der Westfale „ick sin", so wird man in Niedersachsen meist „ick bin" hören. Besonders groß sind die Unterschiede des Vokalismus, insofern der einfachen niedersächsischen Länge zumeist ein westfälischer Doppellaut gegenübersteht; man vergleiche: Bröd — Bräud oder Braud (Brot), Brüt — Briut (Braut), düsent — diusent (tausend), Müse — Muuse (Mäuse), Tid — Teid oder Tuid (Zeit), spräken — spriäken (sprechen), bröken — bruaken (gebrochen). Auffallend ist auch das reine lange ā der Westfalen, z. B. in Wāter (Wasser), während der Niedersachse dumpf Water sagt. Da die ehemals engrischen Teile

F. Abb. 65. Lauenstein. (Zu Seite 87.)

Westfalens noch gewisse Besonderheiten im Dialekt gegenüber dem Altwestfälischen haben, so ist anzunehmen, daß das Ostengrische vom Ostfälischen (= Niedersächsischen) aufgesogen worden ist.

Doch kehren wir zu unserer Geschichte zurück. Nach der Zerstückelung des sächsischen Herzogtums sehen wir, wie mehr und mehr die kleinen Dynasten emporkommen und die geistlichen Herren nach Kräften rupfen. Im Welfenlande wurde ein ansehnlicher Teil des alten Besitzes 1235 als Herzogtum Braunschweig-Lüneburg zusammengefaßt, unterlag aber später mannigfachen großen und kleinen Teilungen, bis sich aus dem Wirrwarr die Fürstentümer Lüneburg, Calenberg, Göttingen, Grubenhagen und Wolfenbüttel nebst kleineren Unterteilen herauskristallisierten. Ihre Grenzen haben sich teils in den Grenzen des Herzogtums Braunschweig gegen die preußische Provinz Hannover, teils in denen der hannoverschen Regierungsbezirke gegeneinander erhalten.

Abb. 66. Bückeburg. Photographie und Verlag von F. H. Hespe in Bückeburg. (Zu Seite 93.)

Wohl könnte es uns reizen, die Geschicke auch einzelner geistlicher Territorien und mancher urwüchsiger Dynastengeschlechter zu verfolgen, deren Länder in dem Territorialbesitz der überlebenden Staaten aufgegangen sind; von manchem kecken Raubzug, mancher blutigen Fehde, mancher frommen Stiftung würden wir hören. Aber wir werden uns begnügen, ihre Spuren da zu erwähnen, wo wir sie finden. Für eine Geschichte der Grafen und Herren von Northeim, Dassel, Everstein, Homburg, Spiegelberg, Schwalenberg, Pyrmont, Sternberg, Schaumburg, Hallermund, Roden, Ravensberg, Tecklenburg ist hier kein Platz. Auch die ferneren Schicksale unserer Landschaften werden wir nicht verfolgen, da ihre Geschichte die Geschichte Deutschlands ist.

Eine Betrachtung der politischen Karte wird uns zeigen, daß unser Bergland

Abb. 67. Saukörnung am Kleinen Deister bei Springe.
Nach einer Photographie von W. Wehrhahn in Hannover. (Zu Seite 90.)

unter fünf verschiedenen Herrschern steht. Von den alten Kleinstaaten sind Braunschweig, Waldeck-Pyrmont, Lippe und Schaumburg-Lippe erhalten. Preußen ist mit den Provinzen Hannover, Westfalen und Hessen-Nassau, den Regierungsbezirken Hannover, Hildesheim, Osnabrück, Minden, Münster und Cassel beteiligt. Unter das Zepter der Hohenzollern ist die Grafschaft Ravensberg im Jahre 1609 gekommen, dann folgte 1647 die Stadt Herford, 1648 das Bistum Minden, 1702 Ibbenbüren, 1707 Tecklenburg, 1803 die Bistümer Hildesheim (bis 1813) und Paderborn sowie das Stift Herford. Dazu kam 1815 außer den in der Franzosenzeit verlorenen und nun wieder gewonnenen Gebieten noch das Stift Corvey mit der Stadt Höxter. Endlich wurden 1866 Hessen-Nassau und Hannover nebst den von ihnen früher erworbenen Ländern, vor allem den Bistümern Hildesheim und Osnabrück, der Zollernkrone untertan.

VII. Die Weser von Münden bis Herstelle. Dransfelder Höhenland und Reinhardswald.

Ehe wir von Münden aus unsere Weserfahrt antreten, sind wir hinaufgestiegen zur Tillyschanze, jenem steinernen Turm auf einem Vorsprung des Reinhardswaldes. Die geschichtliche Tatsache, die dieser Stätte ihren Namen gegeben hat, wird uns mit realistischer Treue ins Gedächtnis gerufen durch die im Inneren aufgestellten Kriegsaltertümer und das lebensvolle Relief von Prof. Gustav Eberlein: „Die Verteidigung der Stadt Münden im Dreißigjährigen Kriege." Wie anders als in jenen schrecklichen Pfingsttagen des Jahres 1626, wo die von 3000 Leichen erfüllte Stadt der Beutegier kaiserlicher Soldateska preisgegeben war, ist der Anblick, den jetzt das entzückte Auge von der Plattform genießt!

Abb. 68. Die lutherische Kirche in Bückeburg.
Nach einer Photographie von F. W. Kuhlmann in Bückeburg.
(Zu Seite 94.)

O Heimat, du erscheinst mir
So jugendfrisch und schön;
(Ein Tempe Deutschlands*) bist du,
Wie keins ich noch gesehn,
Ein Born, woraus sich immer
Mein durstig Herz erquickt,
Wenn ich von deinen Höhen
Hinab ins Tal geblickt.

Wie bist du schön im Maien,
In Frühlingsherrlichkeit,
Von weißen Blütenbäumen
Stehst du wie überschneit,
Und schallen Kirchenglocken
Hinein ins blühende Tal,
Dann bist du aller Schönheit
Vollkommnes Ideal.

Gern werden wir uns dieses Urteil Eberleins zu eigen machen, der sich am Fuß des Berges, im Angesicht der Vaterstadt, sein behagliches, von einem großen steinernen Eber bewachtes Heim geschaffen hat. In engem Talkessel, umgeben rings von den lieblichen Formen buchengrüner Höhen, umkränzt von Obstgärten

---

*) Der Ausdruck rührt von Goethe her.

mit zierlichen Landhäusern, blickt uns das freundliche Rot der ziegelgedeckten Alt=
stadt entgegen; und darüber ragt in ehrwürdigem Grau eine Anzahl massiver
Steinbauten empor, unter denen die alten, zum Zweck der Schrotfabrikation er=
höhten Befestigungstürme, „die Hageltürme", besonders auffallen (Abb. 36).

Die in ihrer ursprünglichen Gestalt dem dreizehnten Jahrhundert angehören=
den Kirchen zu St. Ägidien und St. Blasien — an der ersteren befindet sich der
Grabstein des liedberühmten Dr. Eisenbart —, das plumpe Schloß der Calen=
berger Herzöge Erich I. und II. und das der Blütezeit Niedersachsens, dem An=
fang des siebzehnten Jahrhunderts, entstammende Renaissance=Rathaus (Abb. 37),
sie alle zeugen von der Bedeutung Mündens in alter Zeit. Aber auch die Privat=
häuser mit ihrer an hessische und thüringische Städte gemahnenden Holzarchitektur,

Abb. 69. Das neue Rathaus in Bückeburg.
Nach einer Photographie von F. W. Kuhlmann in Bückeburg. (Zu Seite 94.)

mit ihren vielen überkragenden Geschossen, ihrem zierlichen Riegelwerk und den
spitzen, wohlgegliederten Dächern erzählen uns von der Vergangenheit (Abb. 38 u. 39).
Politisch und sprachlich zu Hannover gehörig, zeigt nämlich das Gebiet von Münden
in städtischem und ländlichem Hausbau, in Dorfanlage und bäuerlicher Erbsitte
mitteldeutschen Charakter (Abb. 23). Gau= und Stammesscheiden, deren Nachfolger
die jetzigen Provinzialgrenzen von Hannover, Hessen=Nassau und Sachsen sind,
stießen hier zusammen, erlitten aber auch gelegentlich Verschiebungen. Münden
selbst wird als ursprünglich fränkischer Ort bezeugt; es war eine karolingische
„villa", zugleich wohl Brückenkopf gegen das Sachsenland. Die Burg aber ist
wahrscheinlich von Otto von Northeim, einem niedersächsischen Dynasten, also
als Bollwerk gegen Hessen gegründet worden. Nach dem Sturze Heinrichs des
Löwen kam die Stadt an die Landgrafen von Thüringen, um gegen die Mitte
des dreizehnten Jahrhunderts unter die Welfenherrschaft zurückzukehren. Der

Abb. 70. Hameln gegen den Süntel. Nach einer Photographie von H. Blesius in Hameln. (Zu Seite 91ff.)

Abb. 71. Das Rattenfängerhaus in Hameln.
Nach einer Photographie von H. Blesius in Hameln. (Zu Seite 98.)

Ursprung der Siedelung erklärt sich, wenn man einen Blick auf die Karte wirft, von selbst. Werra und Fulda waren für die winzigen Verhältnisse des mittelalterlichen Verkehrs bedeutende Wasserstraßen, Münden Knotenpunkt des Schiffsverkehrs, Umschlags- und Stapelort. Eifersucht und Feindschaft gegen die Hessen veranlaßte im Anfang des vierzehnten Jahrhunderts nach und nach die welfischen Landesherren zur Erteilung, dann die Mündener Bürger zum Erschleichen von Privilegien, die bis ins neunzehnte Jahrhundert galten und in ihrer Gesamtheit unter dem Namen des Mündener Stapelrechts bekannt sind. Danach durften alle Waren, die stromauf und stromab die Stadt verließen, nur durch Mündener Schiffer befördert werden; auch mußte man alle Durchgangsgüter ausladen und zu Casseler Marktpreis drei Tage lang feilhalten. Daß Münden nicht bedeutender wurde, hat seinen Grund darin, daß die Ufer der drei Flüsse eine für Talstraßen wenig günstige Beschaffenheit darboten. So bevorzugte der vom Oberrhein durch die hessische Senke kommende Überlandverkehr, soweit er auf Hamburg und Lübeck hinstrebte, das Leinetal, dem auch jetzt die Eisenbahn nach Hannover folgt, soweit er Bremen zu erreichen suchte, das Esse- und Diemeltal. Die Erbauung der Eisenbahnen hat wie überall auch in Münden zunächst zertrümmernd, dann aufbauend auf die wirtschaftlichen Zustände gewirkt. Die Stadt ist mehr und mehr Industrieort geworden. Der Wald der Umgegend liefert Holz zu mannigfacher Verarbeitung (vergl. Seite 35) und Lohe für die Gerberei, der Erdboden Braunkohle, Ton und Mühlsteine. Andere der dortigen Industrien (Zinnwaren, Tabak, Gummi) sind weniger abhängig von örtlicher Rohstofferzeugung. Aber auch der Schiffsverkehr hat sich mächtig gehoben, besonders in der letzten Zeit, wozu die im Jahre 1895 dem Verkehr übergebene Kanalisierung der Fulda bis Cassel besonders beigetragen hat. Zum Schluß wollen wir noch bemerken, daß Münden derzeit 11 300 Einwohner zählt, eine Kgl. Forstakademie mit etwa siebzig Studierenden beherbergt und als Sommerfrische und Touristenstadt mehr und mehr aufgesucht wird.

Wir schreiten zum Tanzwerder, der wegen Hochwassergefahr unbebaut gebliebenen äußersten Ecke des Anschwemmungsdeltas zwischen Werra und Fulda, also sozusagen der Geburtsstätte der Weser. Hier steht der Weserstein, leider! War es nötig, der Weser ein Denkmal zu errichten? bedurfte es wirklich einer „Verschönerung" der Landschaft durch Verse? und mußten diese gar in Stein gemeißelt werden als ein „monumentum aere perennius"? Wir besteigen den geräumigen und bequemen Dampfer „Kaiser Wilhelm" und fahren, durch das regelmäßig einförmige Stampfen der Räder in süßes Träumen gewiegt, behaglich dahin und lassen die traulichen Bilder der grünen Ufer an unseren Blicken vorübergleiten. Wir werden gut tun, aus unserem Gedächtnis alle Erinnerungen an eine etwa früher unternommene Donau= oder Rheinfahrt zu verbannen; wir wollen nicht vergleichen, nicht die Lieblichkeit der einen Landschaft an der Großartigkeit der anderen messen, sondern unbefangen genießen. Daran wird uns auch nicht ein vielsprachiges Gewimmel von hastigen Reisenden stören. Unser Schiff trägt außer den Landleuten der Ufergegenden zumeist anspruchslose Touristen aus Nordwest= und Mitteldeutschland. Gelegentlich bemerkt man unter ihnen einige holländische Vergnügungsreisende. Weit zurück liegt die Zeit, wo auf diesen Fluten der erste Dampfer fuhr; es war der erste Dampfer überhaupt. Sein Erbauer war der gelehrte Hugenotte Dionysius Papin aus Blois, seit 1687 Professor der Physik in Marburg. Von Cassel aus fuhr er auf dem von ihm ersonnenen Beförderungsmittel die Fulda hinab, um England damit zu erreichen. Doch schon in Münden zerschlugen die neidischen Mitglieder der privilegierten Schiffergilde das Teufels=

S. Abb. 72. Schloß Hämelschenburg bei Hameln. (Zu Seite 98.)

Fahrzeug. Seit jenem unglückseligen Septembertage des Jahres 1707 verstrichen über 111 Jahre, bis der nächste Dampfer — er hieß „Herzog von Cambridge" — vom 9. bis zum 20. März 1819 die Fahrt von Bremen nach Münden machte; doch erwies sich die Maschine als zu schwach, das Fahrwasser als zu schwierig, und so wurden die Fahrten nicht fortgesetzt. Erst im Jahre 1843 fuhren wieder Dampfer auf der Oberweser, und seit 1844 unterhielt die „Vereinigte Weserdampfschiffahrtsgesellschaft" mit dem in Paris gebauten „Hermann" und dem bald folgenden „Wittekind" regelmäßige Fahrten. Die jetzige Personenschiffahrt betreibt zwischen Münden und Hameln die Wesermühlen-Aktiengesellschaft zu Hameln mit fünf stattlichen Schiffen, die im Jahre 1908 rund 112 000 Passagiere befördert haben (im Jahre 1905 etwa 60 000).

Das Wesertal ist von Münden bis Carlshafen-Herstelle eng und wenig besiedelt. Der Strom fließt im Buntsandstein, einer alten Verwerfungsspalte dieses Gesteines folgend. Durch jahrtausendelanges Nagen hat sich das Flußbett derartig vertieft, daß die bewaldeten Höhen rechts und links — dort Blümer Berg (Abb. 16), Bramwald, Kiffing, hier Reinhardswald genannt — die Talsohle vielfach bis zu 230 m überragen. Die Schichten dieser Berge fallen beiderseits nach der vom Strome abgewendeten Seite ein; die Wasserscheiden liegen nahe dem Fluß, die Hänge sind schroff, die Täler meist kurz und steil. Nur rechts sind Schede, Nieme und Schwülme größere Bäche, die, dem Hinterlande jener grünen Berge, nämlich der Senke zwischen Buntsandstein und Muschelkalk entsprungen, den letzteren in hübschen Tälchen durchnagt haben. Verzichten müssen wir auf die Aufzählung all der schmucken Dörfer, deren Jugend die Ankunft unseres Schiffes an und noch lieber in dem Wasser erwartet, während die überall zahlreich vorhandenen Gänse unter lautem Protestgeschnatter in vornehmem Zuge das Flußbett verlassen. Im allgemeinen bildet die Weser hier die Grenze zwischen Hannover und Hessen. Doch greift dieses auch aufs rechte Ufer über. Die Bevölkerung aber ist auf beiden Seiten niederdeutsch.

Links liegt der Flecken Veckerhagen (1500 Einwohner), der seine jetzt noch bestehende kleine Tonindustrie und die Fabrik von Casseler Braun (Umbra) ebenso wie die von 1666 bis 1903 betriebene Eisenhütte benachbarten tertiären Bodenschätzen

Abb. 73. Kapelle beim Armenhaus Wangelist (Hameln).
Nach einer Photographie von H. Blesius in Hameln. (Zu Seite 98.)

Abb. 71. Rinteln gegen den Taubenberg. Nach einer Photographie des dortigen Verschönerungs-Vereins. (Zu Seite 90.)

verdankt. Das gegenüberliegende Hemeln ist aus einem alten karolingischen Reichshof hervorgegangen, der wie so oft unter einer alten Volksburg angelegt worden war. Den späteren Wohnsitz ihres adligen Gebieters werden wir in der Bramburg zu erkennen haben, deren Ruine rechts aus dem Walde düster empor= ragt; sie gehörte später den Herren von Stockhausen und wurde wegen deren Räubereien im fünfzehnten Jahrhundert zweimal von den braunschweigischen Landesherren zerstört. Die Domänen Hilwartshausen und Bursfelde sind ehe= malige Klöster; letzteres liegt auf dem Geröllkegel der Nieme (Abb. 40 u. 41). Kirchengeschichtlich ist es bekannt als Ursprungsort der Bursfelder Kongregation, eines im fünfzehnten Jahrhundert gestifteten Verbandes von Benediktinerklöstern zur Erhaltung der kirchlichen Zucht, kunstgeschichtlich durch seine schöne im Jahre 1903 wieder hergestellte romanische Basilika. In dem erweiterten Tale beim

§. Abb. 75. Blick von der Bückeburger Chaussee in das Tal von Rinteln. (Zu Seite 77.)

Einfluß der Schwülme haben die Flecken Lippoldsberg (900 Einwohner) mit schönem alten Kloster und Bodenfelde mit kleinem Umschlagsplatz (vergl. Seite 34) einige Bedeutung. Ein besonderes Interesse beanspruchen die Hugenottenkolonien Gottestreu und Gewissenruh. Sie sind ungefähr gleichzeitig mit Carlshafen um 1700 entstanden, als Landgraf Karl von Hessen die nach Aufhebung des Edikts von Nantes vertriebenen Glaubensgenossen der wirtschaftlichen Hebung seines Landes dienstbar zu machen suchte. In Gewissenruh wurden zwölf Familien angesiedelt, von denen jede einen Streifen Waldland zur Urbarmachung erhielt (vergl. Seite 44). Französische Inschriften an den Häusern und dem kleinen Kirch= lein*), französische Familiennamen wie Jouvenal, Don, Héritier, Volle, Seguin (sprich: Zeckink) und einige schwarzäugige und dunkelhaarige Köpfe sind die ein= zigen Reste fremden Wesens in dem Dörflein (Abb. 42).

* 1 Août 1799. Gen. XXVIII. V. 16. Certes, L'éternel est en ce lieu et je nau savois rien.

F. Abb. 76. Tankerier Mühle bei Rinteln. (Zu Seite 77.)

Abb. 77. Vlotho gegen den Amthausberg und das Wiehengebirge.
Nach einer Photographie von Cramers Kunstanstalt in Dortmund. (Zu Seite 100.)

Noch mehr hat sich dieses in Carlshafen verwischt, obgleich hier noch bis 1825 von dem Pfarrer Guillaume Suchier französisch gepredigt worden ist. Carlshafen ist eine rein künstliche Gründung (Abb. 43). Freilich ist die geographische Lage am Einfluß des größten linken Nebenflusses in die Weser außerordentlich günstig und hat früh zwei Siedelungen veranlaßt. Weil aber der Baugrund an der Mündungsstelle selbst zu feucht war, ist die eine von ihnen 2 km im Diemeltale hinauf, die andere 2 km im Wesertale abwärts gerückt. Jene ist Helmarshausen (1300 Einwohner) mit der im Jahre 998 von dem frommen Freundespaar, Kaiser Otto III. und Papst Gregor V., gestifteten Benediktinerabtei, zu deren Schutze Erzbischof Engelbert von Köln 1220 die Krukenburg dort oben erbaute (Abb. 44); diese ist das von Karl dem Großen erbaute Herstelle, wo er den Winter 797/98 verbrachte und eine Kirche gründete. Herstelle war zu einem festen Lager und dauernden Stützpunkt seiner Regierung bestimmt; zeitweilig kam sogar die Errichtung eines Bistums in Frage. Jetzt ist Helmarshausen ein hauptsächlich von Steinbrucharbeitern und Zigarrenmachern bewohntes Städtchen, die Krukenburg die schönste Ruine des Wesergebiets, Herstelle ein westfälisches Dorf, überragt von einem Kloster und einem modernen Schloß. Mit der Erbauung von Carlshafen oder, wie es ursprünglich nach der alten Volksburg darüber (vergl. Seite 57) genannt wurde, Sieburg, wurde am 29. September 1699 begonnen. Landgraf Karl wollte hier mit allen Mitteln des aufgeklärten Despotismus die Entstehung einer Handels- und Hafenstadt erzwingen; der Verkehr sollte den lästigen Mündener Stapel umgehen und auf der kanalisierten Diemel und Esse bis Hofgeismar und dann über Land nach Cassel gelenkt, der Kanal aber womöglich bis zur Lahn nach Marburg fortgeführt werden. Französische und deutsche Ansiedler erhielten billige Wohnungen und allerhand Vergünstigungen. Die Stadt bietet, aus der Vogelschau von den hessischen Klippen gesehen, das Bild vollendeter Symmetrie: in der Mitte der jetzt unbenutzte Hafen, daneben zwei stattliche Gebäude, dann gleiche Wohnblöcke, deren Häuser — außer den etwas größeren Eckbauten — je fünf Fenster Front, zwei Stockwerke und einen einfenstrigen

Dacherker haben. Die weitschauenden Pläne Karls versanken mit seinem Tode von selbst ins Nichts. Jetzt hat das 1900 Einwohner zählende Städtchen als Erwerbsquellen Stein=, Tonröhren= und Holzindustrie, dazu Zigarrenfabrikation und ein kleines Solbad; ein Invalidenhaus besteht noch seit den Tagen des edlen Landgrafen; auch lockt die entzückende Lage, neben der Mündens sicherlich die reizvollste im Wesertal, zahlreiche Sommerfrischler herbei.

Von den Landschaften an dem obersten Stück des Weserlaufs werden die links den Wanderer mehr anlocken. Rechts ist die Buntsandsteinzone schmal, und nur in ihr herrscht zusammenhängender Wald, so besonders im Bramwald (Toten= berg 406 m), dem man freilich stellenweise noch anmerkt, daß bis vor 40 Jahren 1700 Rinder, 7500 Schafe, 3200 Schweine und zahllose Gänse bei ihm zu Gaste gingen. Das hübsch an der Nieme gelegene Lewenhagen ist ein bescheidener Luft= kurort. Das östlich dahinter liegende Dransfelder Höhenland, das meist dem Muschelkalk angehört, wird überragt von malerischen Basaltkuppen, wie dem aussichtsreichen Hohen Hagen (506 m) und dem Dransberg, deren Steinbrüche auch hauptsächlich den 1400 Einwohnern des alten, hochgelegenen Städtchens Dransfeld (Bahnhof 301 m) Unterhalt gewähren (Abb. 45).

Der Reinhardswald links der Weser ist für den Naturfreund ein lohnenderes Wandergebiet. Er besteht aus einer fast 30 km langen, durchschnittlich 10 km breiten Buntsandsteinscholle von etwa 400 m Höhe, auf der basaltische Kuppen wie der Gahrenberg (464 m) und der Staufenberg (472 m) aufgesetzt sind. An ihrem Fuße finden sich tertiäre Ablagerungen, aus denen u. a. am Gahrenberg Braunkohle bergmännisch gewonnen wird. Das Innere des Waldes ist fast un= bewohnt. Beberbeck ist ein königliches Hauptgestüt mit weit ausgedehnten Berg= weiden, auf denen sich etwa 350 edle Rosse (Halbblut) in Freiheit tummeln, die malerische Sababurg (im Volksmunde ist der ursprüngliche Name Zappenburg erhalten) ein 1490 erbautes, jetzt halb zerfallenes Jagdschloß der hessischen Land=

S. Abb. 78. Exten bei Rinteln. (Zu Seite 100.)

grafen, Gottsbüren, das einzige, übrigens sehr alte Dorf des inneren Waldes, im vierzehnten Jahrhundert durch seine Wallfahrtskapelle, jetzt durch eine Kirchenorgelfabrik berühmt. Das malerische, von einer Burg überragte Ackerstädtchen Trendelburg an der Diemel (650 Einwohner) liegt schon außerhalb des Gebirges (Abb. 46). In diesem selbst herrscht ringsum der Wald, ununterbrochener Wald. Der Reinhardswald ist alter Reichsforst, wurde aber im Jahre 1018 von Kaiser Heinrich II., dem letzten Sachsen, seinem Freunde, dem Bischof Meinwerk von Paderborn, für das Bistum geschenkt. Nach mehrfacher Teilung und Besitzvertauschung kam er bis zum sechzehnten Jahrhundert nach und nach ganz an Hessen.

Die für den Forstmann nicht gerade erfreulichen Schicksale des Waldes als solchen, über die auf Seite 30 bis 32 das Nötige gesagt worden ist, haben eine den Naturfreund fesselnde Mannigfaltigkeit des Landschaftsbildes hervorgerufen. Außer dem eigentlich bodenständigen Buchenwald finden sich weite, parkartig mit vereinzelten alten Eichen bestandene Blößen, die früher Hutezwecken dienten. Vielfach auch sind die Eichen später mit jungen Buchen forstgerecht unterbaut. In den sechziger Jahren wurden, um die Blößen nicht ganz der Viehweide zu entziehen, sie aber zugleich auch forstlichen Zwecken dienstbar zu machen, kreisförmige Plätze von 4 bis 6 m Durchmesser bei 14 m Dreiecksverband mit kleinen Entwässerungsgräben umgeben und miteinander verbunden. Der Aufwurf diente zur Erhöhung des Platzes, der mit je 25 Stück junger Fichten bepflanzt wurde. Diese sind nun herangewachsen und bilden die auffallende Erscheinung der „Klümpse". An ihre Stelle tritt neuerdings allmählich richtiger Fichtenwald, der im Gahrenberger Revier bereits 22% der Forstfläche (gegen 3% vor hundert Jahren) bedeckt. Stellenweise bereitet auf der Hochfläche allerdings der versauerte und vertorfte Boden der Aufforstung Schwierigkeiten.

Im Mittelalter noch ein Tummelplatz von Tausenden wilder Eber, verarmte der Reinhardswald später allmählich in bezug auf seinen Wildstand, und als gar im Revolutionsjahre die Jagd freigegeben worden war, zählte man bald danach (1852) im Holzhäuser Revier nur 8 Stück Rotwild, 14 Stück Schwarzwild und 14 Rehe gegen 98, 86 und 76 fünf Jahre vorher. Jetzt ist seit 1866 ein Gebiet von 8000 ha eingegattert, und es wird darin ein mäßiger Bestand an Rot- und Schwarzwild gehalten (Abb. 47). Auch Auerwild kommt vereinzelt vor. In jedem Herbst findet die akademische Hubertusjagd im Forstbezirk Gahrenberg statt, nach der unter Fackelschein die Beute durch Münden getragen, auf dem Markte eine Rede gehalten und beim Kommers das Jagdgericht abgehalten wird.

VIII. Solling, Homburg und Vogler.

Ähnlichen Charakter wie der Bramwald und der Reinhardswald zeigt auch der Solling, jene große Buntsandstein-Ellipse, die nach Einmündung der Schwülme in die Weser dem Hauptstrom die westliche Richtung seines Nebenflusses aufzwingt. Es fehlen hier jedoch die basaltischen Durchbrüche, wenn wir nicht die von der Schwülme an drei Seiten umflossene Berggruppe, die in der 461 m hohen Bramburg gipfelt, noch zum Solling rechnen wollen. Die Bramburg ist die nördlichste ausgebildete Kuppe aus Basalt Deutschlands überhaupt. Die Brüche dort oben sind mit maschinellen Hilfsmitteln allerart ausgestattet. Sie sind die bedeutendsten in der Gegend und haben den Gipfel des Berges, der eine prachtvolle Fernsicht gewährt, bereits völlig umgestaltet. Der leitende Ingenieur und eine Anzahl Arbeiter wohnen oben, andere in den benachbarten Ortschaften. Bei der Gewinnung der Steine kommt es vor allem darauf an, das eben gebrochene Material schnell hinter Strohwänden oder unter Schuppen zu bergen und möglichst bald zu verarbeiten. Solange es nämlich noch frisch ist, läßt es sich leicht spalten und zu rechteckigen Klötzen behauen; sobald aber die Sonne es beschienen hat, zerspringt es unter dem Hammer zu unregelmäßigen Stücken, und statt der Pflastersteine ist nur Schotter zu gewinnen. So kostet oft ein unerwarteter Sonnenschein, vor dem frisch gebrochene Steine nicht mehr gerettet werden konnten, dem Werke eine Menge Geld. Die Ursache des „Verbrennens" der Steine ist noch nicht einwandfrei festgestellt. Am Südfuße der Bramburg liegt der uralte Flecken Adelebsen (1500 Einwohner), in dem die Adelsfamilie gleichen Namens ihr Stammschloß mit einem ungeheuren Bergfried hat. Am Nordfuß ist Volpriehausen zwar ein altes Dorf, aber ein ganz junger Industrieplatz. Abgesehen davon, daß es die Bahnstation für die Bramburgbrüche ist (eine Betriebsbahn verbindet diese damit), verdankt es seine Bedeutung dem großen Kaliwerk, das aus Tiefen von 400 bis 600 m jenes für die Landwirtschaft so wichtige Mineral zugleich mit

S. Abb. 79. Schloß Varenholz. (Zu Seite 101.)

reinem Steinsalz heraufbefördert. Als Betriebsmittel dient die in der Nähe bei Delliehausen gewonnene Braunkohle; doch ist deren Lager nahezu erschöpft.

Der Solling bietet an seinen Rändern meist keinen reizvollen Anblick, da er sich allmählich erhebt und die Äcker weit an seinen Hängen emporsteigen. Nur bei Carlshafen und Fürstenberg hat die Weser ihn angenagt, so daß der Dampfer dicht unter steilen Felsen dahingleitet. Von den bisher besprochenen Buntsandsteingebieten unterscheidet sich der Solling durch eine größere Ausdehnung und seine annähernd kreisrunde Form. Da die Schichten des Gesteins horizontal liegen, so ist der Abfluß von der Mitte der Hochfläche erschwert, und es bilden sich Hochmoore wie am Moosberg, der wohl daher seinen Namen hat. Strahlenförmig fließen nach allen Seiten Bäche, die sich ziemlich enge, allmählich tiefer werdende, landschaftlich recht reizvolle Wiesentäler nach den Rändern der Hochfläche hin genagt haben; von jenen fließt die Ilme zur Leine, die Aale zur Schwülme, die Rottmünde und die Holzminde zur Weser. Die zwischen den

Talern stehen gebliebenen breiten Rücken haben annähernd gleiche Höhe und wachsen für das Auge eines ferner stehenden Beschauers zu einer einzigen Ebene zusammen. Auch die Gipfel, unter denen die Große Blöße mit 528 m der höchste Berg zwischen Harz und Sauerland ist, überragen die Fläche so wenig, daß vor der Herausgabe der preußischen Meßtischblätter stets der Moosberg (513 m) als die bedeutendste Kuppe des Gebirges, als der König des Sollings, genannt wurde. So haben also preußische Offiziere diesen König enttront. Die Silhouette des Sollings erscheint unter diesen Umständen außerordentlich einförmig. Was das Gebirge reizvoll macht, das ist der stundenlang ununterbrochene Wald (Abb. 18, 20 u. 21). Berühmt sind außer vereinzelten Prachteichen auch einige um die Mitte des achtzehnten Jahrhunderts angepflanzte Eichenalleen. Im übrigen aber ist der Wald — jetzt vielfach Fichtenbestand — ein Ergebnis der neueren verständigen Forstkultur (Seite 30 ff.).

An Siedelungen ist das Innere des Gebirges arm. Daß deren früher mehr vorhanden waren, beweisen die Kirchenruinen, wie wir deren im Schwülmetale bei Adelebsen und in der Wüstung Friewohle unweit Volpriehausen zwei noch stattliche finden, während sich an anderen Stellen nur eben die Grundmauern unter Laub und Gras erkennen lassen. Dagegen ist das Gebirge mit einem Kranz von Dörfern und Städten umgeben. Carlshafen, Adelebsen und Volpriehausen haben wir bereits erwähnt. An der Bahnstrecke Ottbergen=Northeim, welche einer alten Handelsstraße zum Harze folgt, liegt noch Uslar (2500 Einwohner) inmitten fruchtbaren Getreide= und Rübenbodens mit Eisenhütte, Obstweinfabrikation und Teppichweberei und Hardegsen (1300 Einwohner) am Durchbruch des Flüßchens Espolde durch den öden Muschelkalkzug der Weper, überragt von dem hohen, düsteren „Mushaus", dem Überrest einer sehr alten, zeitweilig den Braunschweiger Herzögen gehörigen Burg. Baulich interessant sind noch das alte Schloß Nienover bei Bodenfelde und die romanische Basilika des Klosters Fredelsloh.

Nordöstlich vom Solling und von ihm getrennt durch den Bergzug, der die Ruine der alten ehemaligen Welfenburg Grubenhagen trägt (293 m), liegt am Rande einer fruchtbaren Keuper= und Liasmulde die einstige Hansastadt Einbeck (8700 Einwohner), von alters her berühmt durch ihre Leinweberei und noch mehr durch das Bier, von dem schon Herzog Erich I. von Calenberg auf dem Wormser Reichstage Luthern eine Kanne spendete. Die Brauerei nimmt neben anderen Gewerbezweigen, z. B. der Zuckerfabrikation und der Fahrradindustrie, noch immer eine Hauptstelle in der Arbeit der Bewohner ein und liefert besonders pasteurisiertes Flaschenbier zur Ausfuhr in die Tropen. Bedeutende Kirchen, ein stattliches Rathaus und schöne geschnitzte Holzhäuser aus der Renaissancezeit bezeugen die ehemalige Blüte der Stadt (Abb. 48 u. 49). Während Einbeck früher an der Kreuzung zweier bedeutender Straßen lag, nämlich der von Göttingen nach Hannover, welche an dieser Stelle das enge, feuchte Leinetal vermied, und der zur Weser bei Bodenwerder, wird es jetzt von der durchgehenden Bahnlinie nicht berührt. Es liegt an einer Seitenbahn, die im Ilmetal aufwärts bis zu dem Städtchen Dassel (1500 Einwohner) führt. Daß dieses einst der Sitz eines mächtigen Grafengeschlechtes war — man denke an Ludolf, den Kanzler des Rotbarts —, ist an sichtbaren Spuren nicht mehr zu erkennen. Interessanter ist das benachbarte von Herzog Erich I. von Calenberg 1530 erbaute Schloß Erichsburg.

Nördlich davon liegt Stadtoldendorf, ein braunschweigisches Städtchen von 3500 Einwohnern, Station der Bahn Kreiensen=Holzminden (Berlin=Cöln). Der Zechstein birgt hier, besonders nach der benachbarten Homburg zu, einen mächtigen Gipsstock, der in mehreren Brüchen ausgebeutet wird. In einigen Fabriken werden daher Gipsdielen hergestellt.

Die am Westrande des Solling liegenden Orte mögen später bei einer fortgesetzten Betrachtung des Weserlaufes besprochen werden. Vorher hätten wir noch ein Wort über den Buntsandsteinzug Elfas=Homburg=Vogler zu sagen. Das

Fehlen eines gemeinsamen Namens zeigt uns, daß wir es trotz der geologischen Zusammengehörigkeit dieser Berge mit drei gesonderten Gruppen zu tun haben. Am wenigsten tritt der Elfas (380 m) hervor. Bedeutender ist die Homburggruppe, in ihren beiden Hauptgipfeln 400 m überragend. Auffallend ist — zumal im Gegensatz zu der Weichheit der Linien in dem benachbarten Sollinggebiet — die in dieser Formation so seltene malerische Kuppelform des Berges, der die Ruinen der alten Dynastenburg trägt. Es ist nicht viel von ihr erhalten. Denn schon hundert Jahre nachdem 1409 der letzte der Herren von Homburg, wie die Sage meldet, unter der Hand eines Eversteiner Grafen am Altare zu Amelunxborn verblutet war, ließen die Braunschweiger Herzöge die Burg verfallen und bauten aus den Steinen das neue Amtshaus in Wickensen. Aber der Pallas ist nebst einigen Gewölberesten mitten im grünen Buchenwald noch erkennbar. Der Besuch der Trümmer sowie der Blick von dem Stumpf des zerbröckelten Bergfrieds auf das Städtchen zu Füßen wird den Wanderer sicherlich für die Mühen des Aufstieges belohnen.

Zum Vogler werden wir von Stadtoldendorf aus unseren Weg am besten durch das liebliche Hooptal nehmen; so heißt das oberste Stück der von dem Forstbach in die Hochebene eingewaschenen Schlucht. Bald überrascht uns hier der Anblick des Klosters Amelunxborn, hart oben am Rande der schroffen Talwand gelegen. Wir finden hier eine auch sonst sich aufdrängende Beobachtung bestätigt, daß die Zisterziensermönche nicht nur landwirtschaftliche Praktiker ersten Ranges, sondern auch Menschen von einem hervorragenden Verständnis für landschaftliche Schönheit gewesen sein müssen. Im Jahre 1129 vom Grafen Siegfried von Northeim gestiftet, auf den auch die Erbauung der Homburg, wenn auch vielleicht nicht die erste, zurückgeführt wird, ist es die älteste Klostergründung jenes Ordens in Niedersachsen. Die schöne romanisch-gotische Doppelkirche dient jetzt der Domäne und den Nachbardörfern als Gotteshaus.

Abb. 80. Mölkenbeck gegen die Weserkette (Papenbrink, Lange Wand, Luhdener Klippe). Nach einer Photographie von W. Sielmann in Rinteln. (Zu Seite 101.)

Der Vogler ist von den drei Berggruppen die ausgedehnteste. Der Kamm zieht sich in einem flachen, nach Osten geöffneten Bogen etwa zehn Kilometer weit hin, sendet nach beiden Seiten viele starke Äste aus und gipfelt in dem 460 m hohen Ebersnacken, einem der herrlichsten Aussichtspunkte des Wesergebietes. Die Fülle schönen Buchenwaldes, die starke Entwicklung leicht zu überblickender Täler, die reiche Gliederung, die auch in der edlen Silhouette des Gebirges ihren Ausdruck findet, verleihen dieser Berggruppe einen ganz besonderen Reiz. An Siedelungen finden sich fast versteckt nur zwei arme Holzhacker-Dörflein. Der Name des einen, Heinrichshagen, hat zusammen mit dem des Bergzuges selbst Anlaß zu der Sage gegeben, hier habe König Heinrichs Vogelherd gestanden. An seinem Nordwest=ende, der Königszinne, erreicht der Vogler in steilem Absturz bei Bodenwerder die Weser, deren Lauf wir von Herstelle ab nunmehr noch verfolgen müssen (Abb. 60).

IX. Die Weser von Herstelle bis Hameln.

Unterhalb Carlshafens, bei Herstelle, verläßt die Weser das reine Buntsandstein=gebiet und tritt durch das von den hannoverschen Klippen rechts, von den hessischen Klippen und ihrer westlichen Fortsetzung links gebildete Tor in den zweiten der Seite 24 u. 25 genannten Talabschnitte hinaus. Der Eindruck der offenen Landschaft wird abgesehen von der größeren Entfernung der Talwände auch durch deren Lücken hervorgerufen, die sich an den Mündungen der Zuflüsse befinden, aber zu der Bedeutung von Wässerchen wie die Nethe, die Holzminde, der rechtsseitige Bever= und der Forstbach in keinem Verhältnis stehen. Den Gegensatz zwischen den beiden jüngsten Gliedern der Trias, die unser Tal scheidet, haben wir reiche Gelegenheit zu beobachten. Sanft erhebt sich rechts der Solling; weit steigen die Felder an seinen Hängen hinauf, so daß von dem Walde vielfach nur ein Streifen

Abb. 61. Süntelbuche auf der Schafweide bei Hülsede.
Nach einer Photographie von W. Wehrhahn in Hannover. (Zu Seite 101.)

S. Abb. 82. Der Hohenstein gegen den Süntel. (Zu Seite 28 u. 102.)

zu sehen ist und die Gipfelhöhe des Sandsteingebirges unterschätzt wird. Links fällt das Höxtersche Höhenland steil ab. Im Gegensatz zu der abgerundeten Form der Gehänge, die wir am Reinhardswalde beobachtet haben, bildet der Muschelkalk winklige Abstürze, deren steilste Stelle oben am Rande des Plateaus liegt, während unten stellenweise aufgehäufte Schuttkegel die Steilheit mildern. Diese Form des Bergprofils wiederholt sich bei allen Vorsprüngen der Hochfläche, die sich kulissenartig voreinander schieben, und erinnert trotz der kleineren Verhältnisse an den Nordrand der Schwäbischen Alb (Abb. 55). Als Grund dieser Erscheinung haben wir die Tatsache anzusehen, daß beim Sandstein mehr die mechanischen, beim Kalk mehr die chemischen Kräfte des Wassers abtragend gewirkt haben. Dieses führt den Kalk gelöst oder in so kleinen Teilchen zu Tale, daß an der Böschung selbst fast nichts liegen bleibt, während sich der aus dem Sandstein losgerissene Schutt überall da ablagert, wo das schwächere Gefälle die lebendige Kraft des Wassers mindert.

An Siedelungen werden wir zuerst rechts das hannoversche Dorf Lauenförde, links die westfälische Stadt Beverungen an der Bever (2400 Einwohner) bemerken, das früher von Herstelle aus nur mit einem Umweg über das rechte Ufer erreichbar war, während seit den vierziger Jahren die seinerzeit viel bewunderte und auch jetzt noch schöne Bremer Straße oben am Berge dorthin führt (Abb. 50). Ferner erwähnen wir links das Schlößchen Blankenau und das Dorf Wehrden mit stattlichem Edelsitz (Abb. 51). Aber schon von ferne ragt uns rechts auf hohem Sandsteinfels das Dorf und das ehemalige Schloß Fürstenberg (180 m) entgegen (Abb. 52). In seinen älteren Erinnerungen auf die Grafen von Dassel und Everstein zurückgehend, interessiert es uns erst von dem Zeitpunkt an, wo Herzog Karl von Braunschweig-Wolfenbüttel, ergriffen von dem um die Mitte des achtzehnten Jahrhunderts herrschenden Porzellanfieber, durch den der Höchster Fabrik ab-

Abb. 83. Turm der Schaumburg gegen die Paschenburg. (Zu Seite 102.)

spenstig gemachten „Arkanisten" Benckgraff die Fabrikation jener edlen Topfware hier einführte. Die Fabrik, seit 1853 in Privatbesitz, hat sich im vorigen Jahrhundert lange Zeit hindurch auf die Herstellung kunstloser Massenartikel beschränkt, arbeitet aber neuerdings wieder nach den aus den letzten Jahrzehnten des achtzehnten Jahrhunderts stammenden Modellen, die zum Teil einen hohen Kunstwert besitzen.

Läßt es sich ermöglichen, so werden wir in Fürstenberg einen kurzen Aufenthalt machen und uns an der Aussicht erfreuen, die wir von den Terrassen der Gasthäuser auf die Täler der Weser und Nethe genießen können. Bald ist dann auch das freundliche Höxter nebst dem nahen Corvey erreicht.

Höxter ist ursprünglich ein karolingischer Königshof und wird seinen Ursprung der sächsischen Volksburg auf dem Brunsberge zu verdanken haben, wie so oft die fränkischen Höfe die Nähe solcher alten Befestigungen aufsuchten. Hier schenkte Ludwig der Fromme den aus Corbie in der Pikardie eingewanderten Benediktinern, die sieben Jahre zuvor an einem nicht zu bestimmenden Orte „Hetha" eine Tochteranstalt gegründet, diese aber wegen der Unwirtlichkeit des Platzes aufgegeben hatten, 822 den Grund und Boden für eine neue Niederlassung; das ist das im Mittelalter so hoch berühmte Corvey. Seinen Ruhm verdankt es dem raschen Wachstum seines Konvents und seiner Besitzungen, dem Eifer seiner Insassen für ihre Pionierarbeit im Interesse der Kultur und der stattlichen Anzahl in Kunst und Wissenschaft hervorragender Männer, die in seinen Mauern geweilt haben. Wir erinnern nur an Hrabanus Maurus, den späteren Abt von Fulda und Erzbischof von Mainz, an Anschar, den Apostel des Nordens, an die Maler Theodegar und Anderedus, an den Baumeister Luitolf, an den Geschichtschreiber des Sachsenlandes Widukind und den ersten deutschen Papst, Gregor V. Bekannt ist, daß die sonst verschollenen fünf ersten Bücher von Tacitus' Annalen im Jahre 1514 in der dortigen Klosterbibliothek wieder aufgefunden worden sind. Die Blütezeit

Höxter. Holzminden. 81

des Klosters ist freilich bereits mit dem elften Jahrhundert zu Ende gegangen. Seine Reichsunmittelbarkeit hat es 1803 verloren; später ist es zu einer Standesherrschaft geworden, die sich seit dem Jahre 1834 im Besitz der Hohenloheschen Familie, gegenwärtig des Herzogs von Ratibor, befindet.

Von den alten Bauten ist nicht viel erhalten. Am interessantesten ist die westliche Vorhalle der Kirche, das älteste erhaltene Bauwerk Westfalens, mit Säulen in frühchristlichem (vorromanischem) Stile. Der größte Teil der Gebäude rührt von dem um 1700 errichteten Neubau des Abtes Florentius v. Velde her, dessen italienische Bauleute in dem benachbarten Lüchtringen noch einige schwarzäugige Nachkommen hinterlassen haben sollen. An Sehenswürdigkeiten werden noch gezeigt eine Galerie mit den Bildnissen der fünfundsechzig Äbte, die in ihrer Bedeutung meist sehr überschätzte Bibliothek von 60 000 Bänden und das Grab Hoffmanns von Fallersleben, der hier als Bibliothekar im Jahre 1874 gestorben ist (Abb. 53 u. 54).

Die westfälische Stadt Höxter entwickelte sich teils unter dem Einfluß des Klosters, teils als Brückenort der Handelsstraße vom Rhein nach Braunschweig und Magdeburg. Sie teilte die politischen Geschicke Corveys. Jetzt zählt sie 7700 Einwohner, die ihre Arbeit außer beim Ackerbau auch in einigen Industrien (u. a. Zement) finden. An kirchlichen und profanen Baudenkmalen hat sie noch einige hübsche Stücke aus alter Zeit bewahrt (Abb. 55).

Weniger bevorzugt durch landschaftliche Reize der Lage ist Holzminden (9900 Einwohner), das sich mit Höxter in die Stellung als Übergangsort teilt, ihm aber als Hauptstapelplatz der Sollinger Sandsteine überlegen ist. Welche Bedeutung dieser Industrie zukommt, geht zur Genüge schon aus der Tatsache hervor, daß in dem braunschweigischen Kreise Holzminden 22½% der erwerbstätigen Bevölkerung mit Gewinnung und Verarbeitung von Steinen und Erden beschäftigt sind, im hannoverschen Kreise Uslar aber 13,9%. Die meisten und besten Brüche liegen

F. Abb. 84. Die Arensburg. (Zu Seite 103.)

Reißert, Das Weserbergland.
6

eben an der West- und Nordseite des Sollings. Der Sandstein findet sich in zwei verschiedenen Formen, nämlich als Block oder als Platte. Die Blöcke werden als Bau- und Werksteine benutzt, zu Trögen, Krippen, Ausgüssen und dergleichen verarbeitet; die Platten dagegen finden als Fliesen zum Bedecken der Fußböden in Küchen und Hausfluren, als Trottoirbelag und besonders auch als Dachsteine Verwendung. Das Behauen der Blöcke, die Herstellung der Behälter, das Zurechtschneiden und Glätten der Schiefer geschieht großenteils an Ort und Stelle, ehe die Ware auf dem Schiff oder der Eisenbahn verfrachtet wird.

Von der Burg, welche die Grafen von Everstein hier einst besaßen, ist keine Spur erhalten. Wohl aber kann man ihr Stammschloß auf dem schroffen Muschelkalkrücken des Burgberges, 10 km nordöstlich von Holzminden, noch an den Wällen und Gräben erkennen. Von hier aus übte dieses Geschlecht, dessen Besitz mit seinem Aussterben (1408) an die Welfen überging, seine Herrschaft über große Teile Niedersachsens bis ins Göttingische und auf das Eichsfeld aus. An dem Fuß des Berges verdient der Flecken Bevern am Beverbach (2200 Einwohner) einen Besuch wegen seines herrlichen Renaissance-Schlosses; es wurde 1603 bis 1612 von einem Herrn von Münchhausen erbaut und diente zeitweilig den Herzögen von Braunschweig-Bevern zum Wohnsitz (Abb. 56).

Bei der Domäne Forst tritt nun die Weser in das Muschelkalkplateau ein, das sie erst bei Ohsen an der Emmermündung ganz verläßt. Zeitweilig nähert sich freilich der Strom bei Bodenwerder dem Buntsandstein des Voglers und weiter abwärts den Keuperbergen von Grohnde. Im allgemeinen aber bleibt der Charakter des engen Durchbruchstales durch den Muschelkalk bestehen, in dessen Windungen wir alte Spalten zu erkennen haben mögen. Vortrefflich lassen sich die Schichten des Gesteins da beobachten, wo der Fluß den Felsen unmittelbar bespült, und wo erst die neuere Technik Raum für Straßen geschaffen hat (Abb. 57 u. 59). Bald steht der Felsen kahl, nur mit einigem Gestrüpp und farbig blühenden Kalkpflanzen bewachsen; stellenweise haben aber auch einige Bäume, so am Breitenstein bei Rühle die zählebige Eibe, jener sonst fast ausgestorbene Waldbaum, festen Fuß fassen können.

Der nächste bedeutendere Ort ist links Polle (1000 Einwohner), von „wo ein mit Liasgebilden erfülltes Tal einen bequemen Zugang von der Weser zur Hoch-

Abb. 85. Die Weserkette bei Rinteln (Lange Wand, Luhdener Klippe). (Zu Seite 103.)

Brevörde. Bodenwerder. Kemnade. 83

S. Abb. 86. Porta Westfalica von Süden. (Zu Seite 103.)

fläche ermöglicht" (Guthe). Der Flecken ist unter dem Schutze einer eversteinischen Burg entstanden, deren Ruinen auf einem kleinen Bergkegel hart am Ufer eine besondere Zierde des Wesertales bilden (Abb. 58). Bald ist auch Brevörde erreicht, wo eine Kunststraße in vielen Schlangenwindungen von der Hochebene herabkommt, und die berühmte alte Steinmühle, früher Dohlensteinmühle, die ein aus der Felswand sprudelnder Quell treibt (Abb. 59). Bei dem malerischen Dörfchen Rühle kommen wir an den Vogler, dessen ziemlich steile Buchenhänge wir nun bis Bodenwerder zu unserer Rechten behalten.

Daß Bodenwerder (1600 Einwohner), wie sein Name (Insula Bodonis) sagt, auf einer Insel liegt, werden die wenigsten der Reisenden bemerken, die sich dieser Perle des Wesertales nähern, da der linke Arm der Weser sich allmählich bis zu völliger Winzigkeit verengert. Der Ort scheint im elften Jahrhundert von den Herren von Homburg begründet worden zu sein, deren Erbe fast gleichzeitig mit dem der Eversteiner an die Welfen fiel. Die Bedeutung des Ortes lag darin, daß die von rechts hier einmündende Lenne in ihrem Tal einen natürlichen Zugang zur Hilsmulde, sowie nach Alfeld, Einbeck und Northeim gewährte. So war Bodenwerder der gegebene Umschlagsort für Bremer Waren, die nach der mittleren und oberen Leine bestimmt waren. Die neue Eisenbahn Emmerthal=Vorwohle und der Hafen an der Lennemündung sind dazu bestimmt, die alten Verhältnisse einigermaßen wieder herzustellen (Abb. 60).

Das anschließende Dorf Kemnade besitzt noch von einem im zehnten und elften Jahrhundert gegründeten Benediktinerinnenstift eine schöne flachgedeckte Pfeilerbasilika mit einfachen und schlanken Formen (1046 geweiht). In ihr liegt der wegen seinen Aufschneidereien bekannte Freiherr von Münchhausen († 1797), der in Bodenwerder ein Gut besaß, begraben.

Auf der ferneren Fahrt wird uns noch das Renaissanceschloß des Grafen Schulenburg in Hehlen (Abb. 61) und der hübsche Flecken Grohnde auffallen, ferner an der Emmermündung die Dörfer Hagenohsen und Kirchohsen, sowie end=

6*

lich das Rittergut Ohr unter dem steil abfallenden Ohrberg, einem beliebten Ausflugsort mit schönem, an exotischen Gewächsen reichen Park. Die üppige Fruchtebene zu unserer Rechten, überragt von dem Kalkrücken des Scheckens mit der altsächsischen Obensburg, ist das Schlachtfeld von Hastenbeck, auf dem am 26. Juli 1757 Hannoveraner und Franzosen miteinander stritten. Links öffnet sich das breite Tal der Humme. Aber schon winken uns die Türme Hamelns; das Schiff gleitet auf der spiegelblanken, durch die Wehre aufgestauten Flut dahin, und während wir uns in den zauberischen Anblick der alten Stadt vertiefen, die am Fuß der grünen Berge mit ihren Türmen höher und höher emporzuwachsen scheint, legt der Dampfer dicht oberhalb der Brücke neben dem stattlichen Bonifatius-Münster an. Wir sind am Ziele unserer Reise angelangt.

Abb. 87. Das Kaiser-Wilhelm-Denkmal an der Porta Westfalica.
Nach einer Aufnahme von Hofphotograph C. Colberg in Oeynhausen. (Zu Seite 104.)

X. Die Hilsmulde.

Während der Fahrt, die wir auf dem schmucken Dampfer talwärts machten, sind uns unterhalb Holzmindens auf der rechten Seite der Weser, wenn die nahen Hügel oder das Voglergebirge den Blick in die Ferne nicht völlig versperrten, einige Berge aufgefallen, deren Form und Höhe unser Interesse erweckten. Es war der zackige Kamm des Iths und die waldige Höhe des Hilses. Beide gehören zu dem Gebirgssystem der Hilsmulde, über deren merkwürdigen geologischen Bau Seite 18 das Nötige gesagt ist. Wir erinnern nur daran, daß eine Wanderung von der Leine oder Weser bis etwa nach Grünenplan über eine Anzahl ringförmig einander umschließender Berge und Täler führt, von denen jedesmal die folgende Zone eine spätere Form der Erdrinde darstellt als die vorhergehende von den

Abb. 88. Minden. Verlag von Julius Bleet in Minden. (Zu Seite 101.)

älteren Gebilden der Trias bis zu den jüngsten der Kreide. Von der Weser aus führt uns eine Eisenbahn in die Hilsmulde hinein, die Linie Emmerthal=Vorwohle. Sie überschreitet den Strom bei Bodenwerder (vergl. Seite 83) und verfolgt dann das Längstal der Lenne, dessen Westrand durch den Buntsandstein des Voglers gebildet wird, während im Osten hinter einer niedrigen Muschelkalkkette sich der Ith erhebt. Wir erreichen bald Eschershausen (1900 Einwohner), ein braunschweigisches Städtchen, im elften und zwölften Jahrhundert durch flämische Einwanderer wenn auch wohl nicht gegründet, so doch hauptsächlich besiedelt (Abb. 62). Früher hat es als Kreuzungspunkt der Straßen Alfeld=Holzminden und Einbeck=Bodenwerder eine gewisse Bedeutung gehabt. Jetzt ist es zusammen mit dem nahen Vorwohle der Sitz einer lebhaften Zement= und Asphalt=Industrie. Der Rohstoff dieser letzteren ist ein bis zu 15 % mit Erdpech durchtränkter Kalkstein, der teils durch Tagesbau, teils in Stollen und Gruben gewonnen wird, und aus dem sowohl Stampfasphalt als Gußasphalt in ziemlich beträchtlichen Mengen hergestellt wird.

Der Ith erscheint uns, von Eschershausen gesehen, gleichsam wie eine zinnengekrönte Mauer. Der zackige Kamm zieht sich, bis 439 m ansteigend, nach Nordwest 20 km paßlos hin; denn die beiden Landstraßen, die ihn überschreiten, klimmen bis zur Kammhöhe hinauf. Dann knickt er plötzlich nach Osten um. Dieser südwestlichen Mauer entspricht eine ähnliche, wesentlich längere ohne Gesamtnamen im Nordosten, nur daß diese sich mehr in einzelne Berge auflöst und durch zwei Bäche, die Glene und die Wispe, durchbrochen ist. Im Norden klafft zwischen der Ost= und der Westmauer eine etwa 5 km weite Öffnung, der die Saale entströmt. Im Süden ist der äußere Ring überhaupt nicht geschlossen; doch legt sich hier die Hilshöhe (s. Seite 88), wenn auch nicht vollständig, in die Lücke hinein. Die ganze Ellipse von fast 40 km Länge und 10 km Breite besteht aus Gebilden des weißen Jura, dessen Schichten nach dem Inneren der Mulde ziemlich steil einfallen und dem Wanderer, der sie von der Außenseite her nehmen will, schroffe, dräuende Dolomitklippen entgegenhalten. Manche von ihnen haben geradezu die Form von Keulen oder Nadeln, wie die berühmten Steine „Adam und Eva" bei Coppenbrügge (Abb. 63). Der

Abb. 84. Inneres des Doms zu Minden. (Zu Seite 106.)

F. Abb. 90. Bergkirchen auf dem Wiehengebirge. (Zu Seite 107.)

Kamm hebt und senkt sich fortwährend und ist, besonders auf dem Ith, äußerst schmal. Eine Gratwanderung ist daher recht beschwerlich; denn selbst der Buchenwald, der nur mager gedeiht, gewährt nicht immer ausreichenden Schatten. Aber doch welch ein Genuß, von den Rotensteinfelsen bei Eschershausen (Abb. 64), von den Dielmisser Felsen, von dem Mönchstein bei Lauenstein oder vom Kahnstein bei Salzhemmendorf, hoch oben am Rande der senkrechten Wand stehend, auf das fruchtbare Vorland hinabzuschauen, in dem die Dörfer sich eng geschlossen und ziegelrot wie auf der Landkarte aus dem gelb, braun und grün gezeichneten Gelände abheben. Noch mühseliger freilich ist es, sich durch die Felswildnis hindurchzuarbeiten, welche die äußeren Abhänge jener Bergketten begleitet. Aber lohnend ist auch das, zumal wenn wir so interessante Punkte aufsuchen wie die Teufelsküche bei Coppenbrügge, wo der gewaltige Garnwindel- oder Wackelstein auf schmaler Basis ruht, oder die Kammersteine am Selter bei Freden mit ihrer Höhle.

Das zwischen jenen Bergen eingeschlossene Becken ist ebenfalls reich an gutem Ackerboden, birgt aber auch viele verwertbare Mineralien, wie Kalk, Gips, Ton, Braunkohle und Eisenerz. So hat es sich denn auch gelohnt, eine normalspurige Kleinbahn von Voldagsen an der Linie Hameln-Hildesheim bis zu der Eisenhütte bei Delligsen in die Hilsmulde hineinzuschieben. Sie berührt zunächst das reizende Lauenstein (1200 Einwohner), das sich fast in den oben erwähnten Knick des Ith hineinschmiegt und von schön bewaldeten Hügeln umgeben ist (Abb. 65). Der Ort ist unter dem Schutz einer den Herren von Homburg gehörigen und in ihren Resten noch erhaltenen Burg entstanden, wie auf der anderen Seite des Gebirges der Flecken Coppenbrügge seinen Ursprung einer Feste der Grafen von Spiegelberg zu verdanken scheint, die jetzt als Amthaus dient.

Salzhemmendorf (1300 Einwohner) am Fuße des Kahnsteins hat seine Saline 1873 eingehen lassen, besitzt aber noch sein kleines Solbad, wenn auch die riesigen Kalksteinbrüche den Flecken fast ganz zum Industrieorte zu machen drohen. Duingen (1100 Einwohner) dagegen sieht seit den siebziger Jahren allmählich seine alte, bodenständige Steingutindustrie dahinschwinden, die dem Wettbewerb mit dem billigen Emailgeschirr auf die Dauer nicht standhalten kann. Der tertiäre Ton, der sich dort in vereinzelten Nestern findet, wurde von selbständigen Meistern, von denen gegenwärtig nur noch vier das Gewerbe fortsetzen, auf dem Trehrade

Abb. 91. Königl. Kurhaus in Bad Oeynhausen.
Nach einer Aufnahme von Hofphotograph E. Colberg in Oeynhausen. (Zu Seite 107 108.)

mit der Hand zu Töpfen, Schüsseln, Krügen usw. verarbeitet und in kleinen Öfen mit Stroh gebrannt. An die Stelle der Erzeugung von Topfware ist jetzt zum Teil der Handel mit solcher getreten. Man läßt sie von auswärts kommen, z. B. aus Bunzlau, und fährt sie in den Dörfern herum, wo die Landleute sie unmittelbar vom Wagen kaufen.

Ein viel besuchtes Plätzchen in der Nähe ist die berühmte Lippoldshöhle, eine vermutlich sehr alte Wohn= und Befestigungsanlage, die, vielleicht mit Benutzung natürlicher Höhlen, in den Korallenkalk des Neuberges bei Brunkensen hineingearbeitet worden ist. Sie liegt an dem Durchbruchstale der Glene, die hier einer Papierfabrik dienstbar gemacht ist, und hatte wohl den Zweck, diesen Engpaß zu sperren. Dies wird um so wahrscheinlicher, als auf dem Neuberge einst die Burg Hohenbüchen lag, und als in der Familie ihrer Besitzer, der Herren von Rössing, der Name Lippold nicht selten war. Die Sage aber hat die alte Höhle zum Räubernest gemacht, was ja in einem gewissen Sinne auch nicht unrichtig ist; sie weiß von Lippolds Freveltaten schauerliche Mären zu erzählen und läßt ihn selbst verdientermaßen auf dem Rabensteine enden. Oft suchen die Schulen der Umgegend den romantischen Platz auf. Die jugendlichen Wandersleute steigen dann gerne auf der schwankenden Leiter zu des Räubers „Stube" und „Kammer", kriechen mit den Wachsstümpfen in der Hand durch den niedrigen, schmalen Gang zum „Schornstein" und lassen sich durch diesen zur „Küche" und zum „Pferdestall" herab, derweil die besonneneren Begleiter sich im Schatten der Felsen an der plätschernden Glene der Rast erfreuen und den Zauber der märchenhaften Umgebung auf sich wirken lassen.

In den südöstlichen Teil des besprochenen Juraringes ist nun ein kleinerer Ring sozusagen eingeschaltet, der der Kreideformation angehört; es ist der eigentliche Hils selbst. Er übertrifft den Jurazug an Höhe, da er im Großen Sohl und in der Bloßen Zelle bis zu 471 und 477 m ansteigt. Auf der Karte gleicht er einem menschlichen rechten Ohr; er zeigt nur im Osten eine Öffnung, und diese wird durch das Tal der Wispe gebildet. Steigt ihr hinauf zu einer kahlen Stelle des breiten Hilsrückens, so überschaut ihr ein Waldland von echtem, herbem Mittelgebirgscharakter. Denn auf dem Hilsandstein gedeihen ausgedehnte Fichten=

wälder und nur auf den jüngeren Formationen, besonders dem Pläner, findet sich Buchenwald. Bäuerliche Siedelungen fehlen hier gänzlich. Inmitten dieser kleinen, aber durch Naturschönheiten besonders bevorzugten Berggruppe liegt tief im Kessel Grünenplan, eine ganz junge Gründung. Denn den Kern des braunschweigischen Dorfes bildet eine Spiegelglashütte, die des billigen Brennholzes wegen im Jahre 1740 angelegt wurde, und zwar, wie es scheint, an Stelle älterer, wieder verlassener Hütten. Wer möchte es glauben, daß dieses Dorf viele weit gereiste und sprachkundige Männer beherbergt! Es sind Vogelhändler, die aus dem Oberharz die kleinen gefiederten Sänger, zumal Kanarienvögel, beziehen und sie dann selbst in überseeische Länder, besonders nach Süd- und Mittelamerika, bringen. Zu diesen Erwerbszweigen tritt neuerdings die Fremdenindustrie. Denn Grünenplan kommt als Sommerfrische immer mehr in Aufnahme.

XI. Osterwald, Deister und Bückeberg.

Nördlich von der Hilsmulde und von ihr geschieden durch die breite Niederung der Saale, durch welche nach Überwindung des Scheckenpasses bei der alten Sachsenfeste Obensburg die Eisenbahn Hameln-Hildesheim der Leine bei Elze zustrebt, erhebt sich ein bis zu 419 m Höhe ansteigender, sanft gewölbter Rücken aus Wealdensandstein, in seinem östlichen Teile Osterwald, im westlichen Nesselberg genannt. Es ist trotz des reichen Waldbestandes landschaftlich ein etwas einförmiges Gebiet. Wirtschaftlich wichtig ist dagegen seine Kohle und sein feinkörniger, von den Architekten hochgeschätzter Sandstein, der z. B. für das Berliner Reichstagsgebäude verwendet worden ist. Kohle und Stein werden in zahlreichen Brüchen und mehreren Gruben bei dem hochgelegenen Dorfe Osterwald gewonnen. Reizvoller ist die im Norden sich anschließende jurassische Kette, deren Dolomitklippen, der Weiße Stein, die Barenburg mit ihren alten Wallresten, der Drakenberg und die romantische Landgrafenküche, ziemlich steil nach der Ebene abfallen.

Abb. 92. Osnabrück vom Gertrudenberge aus gesehen.
Nach einer Photographie von J. H. Evering Wwe. in Osnabrück. (Zu Seite 108/109.)

Gern besucht man daher diese Punkte von Hannover aus, lieber noch die idyllische Holzmühle in einem Quertale dieses Zuges und den Saupark bei Springe, in dem der Kaiser jedes Jahr im Spätherbst ein Treiben auf Schwarzwild abzuhalten pflegt, und wo man zu anderen Zeiten die schwarzen Vettern unseres Hausschweines an den Futterstellen friedlich schmausen sehen kann (Abb. 67).

Der Saupark, auch Kleiner Deister genannt, bildet mit dem Ebersberge, der bereits zum eigentlichen Deister gehört, die beiden Torpfosten der Deisterpforte, eines strategisch wichtigen Passes, durch den die Eisenbahn Hannover=Hameln hindurchführt (Abb. 5).

Auch der Deister ist ein beliebtes Ausflugsziel der Hannoveraner trotz seiner Einförmigkeit. Sein Hauptreiz besteht, wenn wir nicht die Bennigser= und die Heisterburg (Seite 58) mit fachmännischem Interesse betrachten, in dem prächtig gedeihenden Buchenwalde, der fast alles überzieht, meist sogar den gleichmäßig gestreckten, breiten Kamm, der 400 m nur an einer Stelle überragt, überall aber die sanften Nord= und die steileren Südhänge, sowie die flachen, gleichgerichteten Auswaschungstäler, die den Nordabhang in eine große Zahl sogenannter „Brinke" teilen.

Ähnlich wie der Osterwald besteht auch der Deister aus einem Kern von Wealdensandstein mit einem vorgelagerten Weißjuragürtel (Näheres Seite 9). Dieser liegt aber im Süden, nicht wie dort im Norden. Infolgedessen ist hier im Gegensatz zum Osterwalde die Ausbeutung der Kohlenlager und Sandsteinbänke von Norden her begonnen worden, und der Norden hat auch zuerst seine Bahnverbindung in der Linie Weetzen=Haste erhalten.

Als Siedelungen am Deister sind außer Springe (3100 Einwohner), dem in einer fruchtbaren Mulde gelegenen ehemaligen Hauptort der Grafschaft Hallermund, der einige Teppichfabriken besitzt, noch folgende zu nennen: an der Nordostseite Barsinghausen, der Mittelpunkt des Kohlenbergbaues und des Touristen=

Abb. 93. Der Markt in Osnabrück mit Rathaus, Stüve=Denkmal, Ratswage und Marienkirche.
Nach einer Photographie von Karl F. Wunder in Hannover. (Zu Seite 110.)

verkehrs, mit schöner, alter Klosterkirche, an der Nordwestecke Nenndorf mit ziemlich bedeutendem Bade, das die stärksten Schwefelquellen Deutschlands besitzt, und dicht dabei das Städtchen Rodenberg (1700 Einwohner) mit einer Saline.

Die Rodenberger Aue trennt den Deister vom Bückeberge, der zwar anders streicht als der Deister, aber der gleichen Formation angehört und auch landschaftlich ihm in gewissem Grade ähnelt. Freilich hat hier der Buchenwald auf weite Strecken den Fichtenpflanzungen weichen müssen. Die Sandsteinbrüche befinden sich hier in höheren Lagen als am Deister und Osterwald, nämlich oben auf dem Kamm, so daß die Schutthalden den Bergzug meilenweit

s. Abb. 94. Tecklenburg. (Zu Seite 114.)

kenntlich machen. Die Steine werden in der Regel oben nur roh behauen und dann auf Wagen zu Tale befördert. An Vortrefflichkeit stehen sie keinen anderen nach und haben daher auch für manchen berühmten Bau, wie das Antwerpener Rathaus, das Schloß und die Börse in Amsterdam und den Kölner Dom, das Material geliefert. Die Kohlenflöze liegen hier jedoch tiefer als am Deister. Gegenüber dem überwiegenden Stollenbetrieb dort haben wir daher hier Schächte. Sie liegen am Nordfuße des Gebirges in der Gegend von Obernkirchen; die Kohlen können meist unmittelbar auf den Stationen der Bahn Rinteln=Stadthagen verladen werden und gelangen zum großen Teil in Rinteln zu Schiffe.

Die Wealdenkohle, welche nicht nur an den zuletzt besprochenen drei Bergzügen, sondern auch am Süntel, an der Nordseite des Wiehengebirges und im Amte Iburg bei Osnabrück vorkommt, nimmt nach Alter und Beschaffenheit eine Mittelstellung zwischen der eigentlichen Steinkohle der Karbonzeit und der Braunkohle ein. Die beste ist die am Bückeberge, die der westfälischen an Heizkraft fast gleichkommt; dieser steht die Deisterkohle nach, und die Osterwaldkohle ist noch geringer.

Die ältesten Werke sind die am Bückeberge; denn sicher hat dort ein geregelter Betrieb schon im Jahre 1520 bestanden; weniger einwandfreie Nachrichten lassen den Bergbau sogar bis auf das vierzehnte Jahrhundert zurückgehen. Am Osterwalde legte Herzog Julius von Braunschweig-Lüneburg in den achtziger Jahren des sechzehnten Jahrhunderts die ersten Gruben an, um die Salinen von Hemmendorf mit Steinkohlen zu befeuern; am Süntel, von dem weiter unten die Rede sein wird, und am Deister begann die Bergwerkstätigkeit zur Zeit des Dreißigjährigen Krieges, wobei allerdings erwähnt werden mag, daß damals am Deister schon von verlassenen Stollen die Rede war, an deren ehemaligen Betrieb sich alte Leute noch erinnern wollten. Der eigentliche Aufschwung des Bergwerksbetriebes setzt erst mit der Entstehung der Hannover-Lindener Industrie im zweiten Viertel des neunzehnten Jahrhunderts ein. Für sie war das Vorhandensein der Deisterkohle geradezu eine Vorbedingung.

Der Besitz der verschiedenen Werke liegt teils in Privathänden, teils in denen des Staates. Die Kohlenfelder am Bückeberg beutet Preußen mit Schaumburg-

Abb. 95. Schloß Iburg. (Zu Seite 114.)

Lippe gemeinsam aus. Die gesamte Förderung des besprochenen Gebietes betrug ohne Osterwald und Süntel im Jahre 1907 fast eine Million Tonnen, die Belegschaft rund 6300 Mann.

Im Gegensatz zum Osterwalde und Deister ist der Bückeberg nicht völlig unbewohnt. Nein, gerade auf der höchsten Stelle hat sich eine kleine Ansiedlung von Steinbrucharbeitern und -beamten gebildet. Am Nordfuße liegt Stadthagen (6700 Einwohner) mit hübschem schaumburg-lippischem Schloß. Der Ort, früher Grevenalveshagen, d. h. Graf Adolfs (des Vierten) Hagen, ist ursprünglich eine der Seite 44 erwähnten Hagenkolonien aus dem dreizehnten Jahrhundert, von denen aus der Nachbarschaft noch Krebshagen, Wendhagen, Kathrinhagen u. a. zu nennen sind.

Wesentlich älter ist Obernkirchen (4200 Einwohner), das den Ursprung seines ehemaligen Benediktinerinnenklosters auf die Zeit Ludwigs des Frommen zurückzuführen sucht. Die gut wiederhergestellte gotische Hallenkirche ist sehenswert. Die Einwohner des Orts finden in den Steinbrüchen und Gruben, sowie auch in der bedeutenden Glashütte Schauenstein Beschäftigung.

Als eine westliche Fortsetzung des Bückeberges ist der niedrige Zug des Harrl anzusehen, der an dem Tal der Bückeburger Aue bei dem lieblich gelegenen Schwefelbade Eilsen beginnt und bei Bückeburg, der schmucken Hauptstadt des Schaumburger Ländchens, sein Ende erreicht (Abb. 66). Das alte Grafengeschlecht der Schaumburger, vor

Abb. 96. Burg Ravensberg im Jahre 1839.
Nach einer photographischen Reproduktion (Eigentum des Verschönerungs-Vereins in Halle i. W.) von H. Baumann in Bielefeld. (Zu Seite 114.)

deren scharfem Schwerte so Dänen wie Sarazenen erbebten, ist seit 1640 ausgestorben, und die lippische Dynastie, die jetzt dort sitzt, hat von dem weiten Länderbesitz ihrer Vorgänger nur ein kleines Stückchen zu behaupten vermocht. Der Herrscher aber, der der Residenzstadt ihr Gepräge aufgedrückt hat, ist Fürst Ernst, der vorletzte Schaumburger, gewesen. "Die heute noch vorhandenen Reste der Kunstschöpfungen dieses Fürsten," sagt Haupt, "... atmen eine so leidenschaftliche Liebe zu den prächtigsten und üppigsten Mitteln des Renaissancestils, ein so überzeugtes, unwiderstehliches Forttürmen auf dem Wege der Übertragung italienischer Kunst ins Nordische, daß man nur hier völlig ermessen kann, welch

Abb. 97. Burg Ravensberg.
Nach einer Photographie (Eigentum des Verschönerungs-Vereins in Halle i. W.) von H. Baumann in Bielefeld. (Zu Seite 114.)

herrliche, aufblühende nationale Kunst durch den unglückseligsten aller Kriege erdrückt
ist." Hierher gehören vor allem die so wenig bekannten prachtvollen Innen=
dekorationen des Bückeburges Schlosses und der lutherischen Stadtkirche, die
schwungvolle Fassade derselben (Abb. 68), die Schloßkirche, das Tor des Schloß=
platzes und die schönen Bronzefiguren von Adrian de Vries im Schloßgarten.
Der einheitliche Kunstcharakter des Städtchens, den auch Neubauten wie das statt=
liche Schloß der Fürstin Mutter und das neue Rathaus (Abb. 69) gewahrt haben,
das Fehlen lärmender Industrie, die hübsche Lage am Fuße des buchengrünen Harrl,
der Reiz der bunten Volkstrachten in der Umgebung haben Bückeburg (5700
Einwohner) zu einem beliebten Ruhesitz von Rentnern und Pensionären gemacht.

Abb. 98. Straße in Halle i. W.
Nach einer Photographie (Eigentum des dortigen Verschönerungs=Vereins) von H. Baumann in Bielefeld.
(Zu Seite 114.)

XII. Von Hameln nach Osnabrück.
Süntel, Weserkette und Wiehengebirge.

Eine Wanderung über die Weserkette nimmt naturgemäß von Hameln ihren
Ausgang (Abb. 70). Die Stadt (20700 Einwohner) liegt an einer von der
Natur selbst zum Brücken=, Umschlags= und Mühlenort bestimmten Stelle. Das den
Überschwemmungen ausgesetzte Gebiet ist hier sehr schmal, schmaler als oberhalb
und unterhalb der Stadt. Ferner führen abgesehen von dem Wesertale selbst von
rechts die Täler der Hamel und Remte, von links die der Emmer und Humme dem
Orte alte Straßen und neuerdings Eisenbahnen zu. Die Weser aber ist durch eine
Insel und ein noch nicht völlig von den Wassern durchnagtes Felsenriff aufgestaut,
was die Anlage von Mühlen erleichterte, aber die Schiffer zum Umladen zwang.
Was in diesen Verhältnissen Ungünstiges lag, hat die moderne Technik siegreich
überwunden. Das gefürchtete „Hameler Loch" hat nach Anlage geräumiger

Abb. 19. Kette des Teutoburger Waldes bei Halle mit Blick auf den Ravensberg.
Nach einer Photographie (Eigentum des Verschönerungs-Vereins in Halle i. W.) von H. Baumann in Bielefeld. (Zu Seite 111.)

Schleusen seine Schrecken verloren. Wohl aber blühen noch die großartigen
Müllereien, die jetzt der Weser-Mühlen-Aktien-Gesellschaft gehören. Die beiden
Mühlenwerke werden durch 16 Turbinen mit rund 1500 Pferdekräften betrieben
und können täglich etwa 6000 Zentner vermahlen. Außerdem geben die Wehre
Gelegenheit zum Lachsfang, der seit alten Zeiten dort betrieben, seit Mitte des
vorigen Jahrhunderts aber durch die Anlage von Lachsbrutanstalten in der Nähe
der Stadt wesentlich lohnender gemacht worden ist. Stehen wir auf der eisernen
Brücke, welche den Mühlenwerder mit den beiderseitigen Ufern verbindet, so können
wir die Fischer beobachten, wie sie das schwere quadratische Netz wieder und wieder
in die bewegte Flut senken und dann an einem plumpen Holzhebel emporziehen.

Nicht zu vergleichen mit den Verkehrsverhältnissen einer Zeit, die noch nicht
lange hinter uns liegt, ist die Güterbewegung auf der Weser, wie sie sich in den

Abb. 100. Idyll aus Amshausen bei Halle i. W.
Nach einer Photographie von H. Baumann in Bielefeld. (Zu Seite 114.)

letzten Jahren entwickelt hat. Wurden durch die Hameler Schleuse zu Berg und
zu Tale im Jahre 1881 erst 48 256 Tonnen hindurchbefördert, so konnte man
im Jahre 1891 bereits 155 540, im Jahre 1901 dagegen 311 309 und im Jahr
1907 endlich gar 491 368 Tonnen notieren. Es hat sich also der Verkehr im
Laufe von 26 Jahren verzehnfacht. Bei der immer stärker werdenden Produktion
von Kali, dem zurzeit hauptsächlichsten Ausfuhrartikel der Weser, dürfte auch
in der Folgezeit auf eine große Steigerung zu rechnen sein. Von allen Um-
schlagplätzen aber von Cassel bis Minden einschließlich hatte im Jahre 1906 der
Hameler Hafen mit einer viertel Million Tonnen den größten Verkehr.

Vorüber sind die Zeiten, wo die sogenannten Bremer „Böcke" von 15 bis
20 Pferden mittels eines am Maste befestigten Seiles unter endlosem „Hüh!"
und „Hoh!" der Treiber stromauf geschleppt wurden und den kleineren „Hinterhang" nebst den noch kleineren „Bullen" hinter sich herzogen. Drei auf diese

Abb. 101. Blick auf Bielefeld. Nach einer Photographie von H. Baumann in Bielefeld. (Zu Seite 9 u. 111.)

Abb. 102. Burg Sparenberg (Bielefeld) vom Johannisberg aus gesehen.
Nach einer Photographie von Ernst Lohöfener in Bielefeld. (Zu Seite 114.)

Weise vereinigte Schiffe hießen „eine Maft". Stromabwärts ließen die Schiffer ihre Fahrzeuge treiben und machten durch einen lauten harmonischen Dreiklang die Fährleute von weitem auf ihr Kommen aufmerksam, damit das Drahtseil rechtzeitig in den Strom hinabgelassen werden konnte. Hat Schreiber dieser Zeilen jene Art des Verkehrs noch in seinen Knabenjahren mitangesehen, so wird es ihm und wohl auch dem Leser schwer, sich in jene Zeit zu versetzen, wo selbst der Treidelzug mit Pferden eine Neuerung war, die stellenweise mit alten Verboten zu kämpfen hatte. Im Jahre 1815 bestand ein solches allerdings nur noch auf der lippischen Strecke, wo selbst damals nur mit Menschen getreidelt werden durfte.

Kehren wir nach dieser Abschweifung noch einmal zur Stadt Hameln zurück! Was ihren baulichen Charakter anlangt, so reichen sich hier Mittelalter und Neuzeit die Hand. Da bewundern wir das ehrwürdige Bonifatius=Münster, dessen Ursprung vielleicht noch auf die Karolingerzeit zurückgeht, dessen älteste erhaltene Teile der Spätblüte des romanischen Stiles und dessen Umbauten der gotischen Zeit angehören. Da erfreuen wir uns an den Renaissance=Schöpfungen jenes unbekannten Meisters, der in dem Hochzeitshause einen Bau für allgemeine städtische Zwecke, in dem sogenannten Rattenfängerhause ein behagliches Patrizier= heim und in den benachbarten Schlössern Schwöbber und Hämelschenburg Edelsitze nach dem neuen Geschmack von 1600 herzustellen wußte (Abb. 71 u. 72). Umgeben ist die Stadt von einem Kranz zierlicher Landhäuser. Und wahrlich man kann es verstehen, wenn wirtschaftlich unabhängige Menschen sich diesen Wohnplatz aus= suchen. Lockt der Ort doch auch Jahr für Jahr einen immer stärker werdenden Schwarm von Touristen herbei, die hier teils die Dampfschiffahrt in die Ober= wesergegenden antreten, teils zu Fuß oder im Motorboot die beliebten Punkte der Umgegend aufsuchen. Zu diesen gehört außer dem Seite 84 erwähnten Ohrberg der Klüt, ein unmittelbar über der Stadt am linken Weserufer ziemlich schroff aufsteigender Berg, im achtzehnten Jahrhundert von dem Fort George, jetzt von einem steinernen Turme bekrönt. Unvergleichlich ist der Blick von dort oben auf die schmucke Stadt, das fruchtbare Tal und die gegenüberliegenden Bergketten.

Von Hameln nach Minden fehlt es an einem regelmäßigen Personendampferverkehr. Nur Sonntags im Sommer fährt ein Schiff stromabwärts. Das Tal ist bis Erder zu breit, der Wasserspiegel zu tief, um immer eine freie Umschau zu ermöglichen. So benutzen wir denn lieber die Bahn Hameln-Löhne, die das fruchtbare, von schön profilierten Bergen umrahmte Tal durchzieht (Abb. 80). Hier hat Fischbeck von seinem alten Augustinerinnenkloster, das jetzt als adliges Fräuleinstift weiter besteht, noch eine flachgedeckte romanische Basilika von hervorragender Schönheit. Es folgen Hessisch-Oldendorf (1900 Einwohner) und Rinteln (5300 Einwohner), zwei Städte, deren hübsche alte Fachwerkshäuschen großenteils noch nicht von der entstellenden Tünche befreit sind, mit denen Ungeschmack und Großmannssucht sie im vorigen Jahrhundert bekleidet hat*).

Rinteln ist die Hauptstadt des preußischen Kreises Grafschaft Schaumburg, d. h. des nach dem Aussterben der einheimischen Herrscher an Kurhessen gefallenen Teiles von dem Schaumburger Erbe (Abb. 74). Das Dorf Rinteln lag ursprüng-

---

*) Wie in den vierziger Jahren selbst die Gebildeten jedes Verständnis für die behaglichen alten Bauformen verloren hatten und nur für lange, weiße Mauern schwärmten, dafür enthält das in der Einleitung erwähnte Buch von Boclo zwei charakteristische Stellen. An Hameln weiß der „Begleiter auf dem Weserdampfschiff" nur das Gefängnis(!) zu rühmen. Er bittet, „nicht zu übersehen, wie großartig-modern Hameln sich ausnimmt, in dem Moment, wo man es zuerst erblickt. Die großen neuen massiven Korrektionsgebäude maskieren nämlich die ganze übrige, ältliche nicht eben schöne (!) Stadt ... und lassen vermuten, Hameln wäre nach diesem modernen Stile eben gebaut worden." Von Rinteln heißt es: „Die Straßen Rintelns würden viel länger, die Stadt viel schöner sein, wenn nicht bei weitem die meisten Häuser mit der Giebelseite nach der Straße gerichtet wären. Der Grund mag darin liegen, daß Rinteln ... früher eine Ackerstadt war. Man sieht dies noch daraus, daß viele Häuser statt der Türme hohe Tore haben."

Abb. 103. Haus in der Oberntorstraße in Bielefeld.
Nach einer Photographie von Ernst Lohöfener in Bielefeld. (Zu Seite 114.)

An der Lippischen Porta. Vlotho.

Abb. 104. Rathaus und Theater in Bielefeld.
Nach einer Photographie von Ernst Lohöfener in Bielefeld. (Zu Seite 114.)

lich auf der rechten Seite der Weser, die Stadt wurde im dreizehnten Jahrhundert vom Grafen Adolf IV., dem Dänenbesieger, auf dem linken Ufer gegründet, hat aber in den letzten Jahrzehnten mit ihrer jungen Industrie die alte Heimstätte wieder mit in Beschlag genommen. Im Jahre 1621 gründete hier Fürst Ernst (Seite 93) eine Universität, die König Jerome im Jahre 1809 zugleich mit Helmstedt eingehen ließ. Dem Königreich Westfalen blieben ja noch die Hochschulen zu Marburg, Göttingen und Halle, mehr als genug für die wissenschaftlichen Bedürfnisse des Königs „Lustic". Während der kurfürstlichen Zeit war Rinteln als das „hessische Sibirien" verschrien. In diesen entlegenen Teil des Staates schickte man gern unfähige oder auch allzu steifnackige Beamte. Früher war die Zahl der Behörden größer. Aber auch die jetzigen erhalten ihre Beamtenschaft in der Regel aus dem Hauptteil des Regierungsbezirks Cassel. So ist denn hier in der westfälischen Bevölkerung ein hessischer Einschlag immerhin bemerkbar.

Unterhalb Erder verengert sich das Tal. Der Fluß windet sich wieder durch ein Stück des Keupergebirges hindurch und bildet die sogenannte „Kleine" oder „Lippische Porta". Das mit ihr beginnende Durchbruchtal ist nur kurz, es mißt kaum 10 km; aber innerhalb desselben vollführt die Weser einen ihrer schärfsten Knicke. Bei dem westfälischen Industriestädtchen Vlotho (4700 Einwohner), das sich malerisch unter seine alte Dynastenburg auf dem Amthausberg schmiegt, geht sie aus der westlichen plötzlich in die nördliche Richtung über (Abb. 77). Hier verläßt die Bahn das Wesertal, um auf die linksseitigen Höhen nach Oeynhausen und Löhne hinaufzusteigen. Die Weser aber tritt in das breite Tal ein, das bereits die Werre in ostwärts gewendetem Laufe durchfließt. Dieser Richtung folgt sie selber und erreicht alsbald die Westfälische Pforte.

Diesem Zielpunkte wird der rüstige Wanderer lieber auf anderen Wegen zustreben. Vielleicht wird er von Hameln aus das linke Weserufer verfolgen; er wird über den aussichtsreichen Taubenberg gehen, das uralte Dorf Exten (Abb. 29 u. 78) an der forellenreichen Exter besuchen, die dort einer alt eingesessenen Stahlwarenindustrie dienstbar gemacht ist, und die ansehnlichen Baulichkeiten des tausendjährigen Klosters Möllenbeck (Abb. 80) sowie das Renaissanceschloß Graf Simons VI. zur Lippe in Varenholz bewundern (Abb. 79). Der Hauptstrom der Touristen aber folgt der nördlichen Weserkette, deren schöne Wellenlinie zwar vom Tal und den gegenüberliegenden Höhen aus besser zu beobachten ist, deren kühle Buchenhallen aber nebst manchen sehenswerten Punkten einen Besuch des Gebirges selbst fordern. So sind wir denn an dem östlichen Ende jenes etwa 115 km langen Zuges angelangt, der früher in seiner ganzen Ausdehnung von der Hamel zur Hase den Namen Süntel führte. Jetzt begegnet uns diese Bezeichnung zunächst in seinem östlichen und höchsten Stück, das sich aus Wealdensandstein aufbaut und bis zu 437 m ansteigt. Am Nordostfuße liegt Münder (3300 Einwohner) mit Solbad, Stuhlfabriken und Kohlengruben (vergl. Seite 92), von wo eine Eisenbahn durch die Senke zwischen Süntel und Deister nach Nenndorf führt. Steigen wir von dort statt von Hameln zur Höhe hinan, so werden wir hier und da einer nur noch in kleineren Beständen vorhandenen, interessanten Baumform begegnen, der Süntelbuche, die sich außerdem nur am Jura in geringem Maße vorfindet; sie wächst völlig krumm und ist daher anders als zu Heizzwecken nicht zu verwenden (Abb. 81). Vom Süntelturm aus, an dessen lohnender Fernsicht wir uns lange erfreuen, sehen wir unseren Weg deutlich vor uns. Zwei bis drei Tage lang werden wir, wenn wir die Porta zu Fuß erreichen wollen, der Bergkette zu folgen haben, die wir hier in der Verkürzung erblicken. „Auf eine Kette von niederen Vorbergen gestellt, zieht das Hauptgebirge von dem eigentlichen Süntel aus gegen Abend bis zur Porta Westfalica, zumeist scharf und steil gegen das Tal abfallend. Die schöne Scheitellinie der Bergwand ist wellenförmig gewunden, und häufige, symmetrisch wechselnde, flach eingeschnittene Buchten bezeichnen eine Reihe der ausgezeichnetsten Berge, welche ebensowohl durch ihre malerischen Formen und namentlich ihre grotesken Felsenhäupter, als durch die

Abb. 105. Grabmal Wittekinds in der Kirche zu Enger. (Zu Seite 116.)

herrlichen Ausfichten, welche man von ihnen genießt, die ganze Aufmerksamkeit des Wanderers in Anspruch nehmen" (Franz Dingelstedt). Der Übergang vom Sintel zur eigentlichen Weserkette macht sich wenig bemerkbar, nur daß der Fichten= wald vom Buchenwald abgelöst wird. Daß wir uns auf dem Gebiete des Weißen Juras befinden, verraten uns erst die Klippen, auf die wir am Hohenstein (332 m) unerwartet heraustreten. Großartiger noch und massiger, von tieferen Kaminen zerklüftet als am Ith, fallen hier die Dolomitfelsen in das waldige Vorland ab. Als dunkle Flecken heben sich die vielhundertjährigen Eiben an unzugänglichen Standorten von dem lichtgrauen Gestein ab (Abb. 82). Von einsamen Waldtälern ist der mächtige Steinklotz auf drei Seiten umschlossen. Tiefe, nachdenkliche Stille umgibt uns hier oben. Gern wollen wir es glauben, was die Überliefe= rung behauptet, daß der vereinzelt vorspringende Fels, der heute den Namen Teufelskanzel führt, einst ein altgermanischer Opferaltar gewesen sei, und immerhin annehmbar erscheint uns die Hypothese, daß die Namen der benachbarten Hoch= fläche, des einen Tales und seines Wasserlaufes sowie des einen Dorfes im Tal — Dachtelfeld (Prügelfeld), Totental, Blutbach, Weibeck (Kampfbach) — an den Sieg Wittekinds über die Franken im Jahre 782, wenn nicht gar an Idistavisus erinnern sollen.

Durch frische Täler und über buchenbewachsene Hügel geht es fort zur Paschen= burg, zur Schaumburg und zur Arensburg. Die erste ist ein hochgelegenes Gast= haus (336 m), das wegen seiner Fernsicht berühmt ist. Lassen sich doch von dort oben angeblich 23 Windungen der Weser und 136 Ortschaften zählen. Die Schaumburg, der Stammsitz des gleichnamigen Grafengeschlechtes, liegt unmittelbar darunter auf einem Vorberge. Von dem Schloß sind noch eine Anzahl teils be= wohnte, teils halb zerfallene Baulichkeiten ohne großen Kunstwert vorhanden (Abb. 83). Die Lage aber und der Blick auf das am Berge hängende Dörfchen Rosenthal ist von zauberhafter Schönheit. Auch die Arensburg, welche auf kleinem Hügel den Paßübergang von Rinteln nach Obernkirchen beherrscht, ist ursprüng= lich eine Ritterburg gewesen, jetzt aber ein Lustschlößchen des Fürsten von Bücke=

Abb. 106. Waldchaussee von Detmold zum Jagdschloß Lopshorn.
Verlag der Hinrichs'schen Hofbuchhandlung (H. Knöner) in Detmold. (Zu Seite 116.)

Abb. 107. Donoper Teich bei Detmold.
Verlag der Hinrichs'schen Hofbuchhandlung (H. Knöner) in Detmold. (Zu Seite 116.)

burg mit wohlgepflegten, geschmackvollen Parkanlagen (Abb. 84). Das nahe Steinbergen wird als Sommerfrische viel besucht.

Von der Schaumburg bis zur Porta Westfalica führt der Touristenweg nicht über die Kämme der Einzelberge, die sich in regelmäßigem Wechsel erheben und bis zur Höhe der südlichen Vorberge herabsenken, sondern auf einer Zwischenstufe, auf der Grenzlinie des Weißen und Braunen Juras (Abb. 85). Von den Gipfeln sind viele bis obenhin bewaldet; ihrer schönen Fernsicht wegen werden hauptsächlich die Luhdener Klippe mit steinernem Turm, der oben kahle Papenbrink, die Nammer Klippe und der Jakobsberg besucht, der bereits einen der Torflügel der Porta bildet. Seinen Namen hat der Berg durch Friedrich den Großen erhalten. Bei einem Besuche der Gegend fand er dort einen seiner Kriegsinvaliden, namens Jakob, der ihm selbstgezogene Trauben*) vorsetzte. Dies veranlaßte den König den bisherigen Tönniesberg in Jakobsberg umzunennen.

In die Porta blicken wir von der auf dem Gipfel errichteten Bismarcksäule oder von der benachbarten Jakobsklippe wie aus der Vogelschau hinab. Durch ein Felsentor von nur etwa 800 m Breite strömt friedlich der blanke Fluß dahin; keine Stromschnelle, kein Strudel zeugt mehr von der Arbeit, die das Wasser hier verrichten mußte, als es diese Bergkette in demselben Maße, wie sie sich hob, langsam durchnagte (Abb. 86). Landstraßen geleiten den Fluß auf beiden Seiten; auf dem rechten Ufer freilich ist der Raum für sie und die Eisenbahn erst durch Felssprengungen gewonnen worden. Das fortwährende Rollen der Züge verrät uns, daß wir uns an einer echten Völkerpforte, einem der wichtigsten Tore zwischen Rhein und Elbe, befinden. Der Flecken am Südfuße des Berges, 200 m unter

---

*) Weinbau wurde auch sonst an der Weser getrieben. Bei Höxter ging er zu Anfang des achtzehnten Jahrhunderts ein. Wie bei Höxter gibt es auch bei Lübbecke einen „Weinberg".

uns, ist Hausberge, genannt nach dem „Haus am Berge" (auch als Schalksburg bezeichnet), das die edlen Herren vom Berge dort besaßen; sie waren angeblich Nachkommen Wittekinds, und ihnen gehörte auch der gegenüberliegende Hof Wedigenstein.

Dieser war wohl der Herrenhof zu der Volksburg oben auf dem Wittekindsberge, der den westlichen Torflügel der Porta und den Anfang des Wiehengebirges bildet. Von dem alten Ringwall ist kaum noch etwas zu sehen. Die kleine graue Wittekindskapelle, der Rest eines ehemaligen Klosters namens Margaretenklus, sowie die merkwürdig hoch gelegene steingefaßte Wittekindsquelle fallen als Zeugen der frühen Besiedelung mehr in das Auge. Die Hauptzier des Berges aber ist das Denkmal, das die Provinz Westfalen durch Kaspar Zumbusch und Bruno Schmitz dem Gründer des Deutschen Reiches hat errichten lassen. Unter hohem

s. Abb. 108. Berlebeck. (Zu Seite 116.)

steinernem Hallenbau, dessen Fernwirkung aufs beste berechnet ist, steht des alten Kaisers ehrwürdige Gestalt, die Rechte zum Segnen erhoben (Abb. 87).

Leider ist dieser durch Natur und Kunst ausgezeichnete Platz wenig geschont worden. Gerade mitten an der schmalsten Stelle des Tales liegt ein garstiges Eisenwerk, das die in der Nachbarschaft gefundenen Erze ausbeutet, und die Talwände sind durch Steinbrüche verunziert. In ihnen wird der wertvolle grobkörnige Portasandstein gewonnen, während der benachbarte Hügelzug Bölhorst, nördlich vom Wittekindsberg, Wealdenkohlen birgt.

Eine Wegstunde stromabwärts liegt die Regierungsbezirks=Hauptstadt Minden (25 400 Einwohner), deren Ursprung auf die Zeit Karls des Großen zurückgeht (Abb. 88). Dieser gründete hier für das Engerland ein Bistum, das bis zur Zeit des Dreißigjährigen Krieges reichsunmittelbar blieb. Trotz des Ausmündens der Weserstraße und der Wege vom Rhein und von der Ems (Eisenbahnlinien Cöln=Hannover und Rheine=Hannover) hat sich Minden unter der Ungunst politischer Ver=

Abb. 116. Detmold gegen das Hermannsdenkmal. Verlag der Hinrichs'schen Hofbuchhandlung (H. Knöner) in Detmold. (Zu Seite 116.)

S. Abb. 110. Das Fürstliche Schloß in Detmold. (Zu Seite 116.)

hältnisse nur langsam entwickeln können. Immerhin hat es als Umschlagshafen an der Weser jetzt die zweite Stelle eingenommen. Die Industrie des Ortes hat keinen einheitlichen Charakter. Erwähnen möchten wir aber hier einen Gewerbezweig, der sich über ein weites Gebiet auf beiden Seiten der Weser bis nach Osnabrück, Bielefeld und Detmold, ja bis nach Höxter und Carlshafen ausdehnt und von größter sozialer Bedeutung ist. Das ist die Verarbeitung des auf der Weser eingeführten Bremer Tabaks. Vielfach ist die Zigarrenmacherei an Stelle der Weberei getreten, die um die Mitte des vorigen Jahrhunderts zugrunde ging, und wird wie sie als Hausindustrie gepflegt. Meist sind die Arbeiter kleine Grundbesitzer und Pächter, Heuerlinge, die neben der Arbeit für den Verleger auch etwas Landwirtschaft betreiben, und die an ihrer Lohnarbeit auch die Familienglieder teilnehmen lassen. Nach einer Schätzung der Mindener Handelskammer zählen die genannten Bezirke abgesehen von den Oberweserorten rund 27 000 ansässige Tabakarbeiter. In den Kreisen Minden, Lübbecke und Herford sind 3500 Häuser im Besitz von Zigarrenmachern, und allein in dem Herfordischen Amte Gohfeld=Mennighüffen wird in 1400 von 3400 vorhandenen Häusern Zigarrenarbeit getrieben.

Von der Vergangenheit Mindens erzählt uns hauptsächlich der Dom, dessen ehrwürdig plumper Turm aus der romanischen Zeit in einem merkwürdigen Kontrast zu den edlen und freien Formen seines gotischen Schiffes steht (Abb. 89). Besonders berühmt sind die „überaus prachtvollen, in dieser Art für Westfalen unerreicht und überhaupt vielleicht unübertroffen dastehenden Fenster" (Lübke).

Nach diesem Abstecher kehren wir zu unserer Gebirgswanderung zurück, deren größter Teil noch vor uns liegt; denn etwa 70 km trennen die Porta von der Hase. Aber es mindern sich die Reize des Gebirges links der Weser mehr und mehr. Die Gliederung ist einfacher, sie geschieht fast nur durch einige tief einschneidende Quertäler. Die Klippen aus Korallenkalk fehlen ebenso wie die

Das Wiehengebirge. Oeynhausen. 107

malerischen Vorberge, die wir in der eigentlichen Weserkette beobachtet haben. Mißt der Wittekindsberg 277 m über den Meeresspiegel, und erreichen zwei Berge bei Lübbecke noch 320 m, so nimmt das Gebirge weiterhin an Höhe und Breite ab und endigt westlich von Bramsche in Hügeln, welche die Diluvialebene kaum noch überragen. Daß die Bewaldung nur dürftig ist, wurde Seite 30 bereits erwähnt. Von Osterkappeln ab tritt Nadelwald an Stelle der Buchen.

Der Name Wiehengebirge (vielleicht = Wittekindsgebirge) kommt der Kette im Volksmunde nur bis in die Gegend von Lübbecke zu; weiterhin gibt es auf eine längere Strecke hin keinen volkstümlichen Gesamtnamen; und erst im Osnabrückischen wird wieder die Bezeichnung Süntel gebraucht.

Als einheitlicher, ungegliederter Wall zieht sich das Gebirge von der Porta bis zu dem Passe, den man nach dem hoch auf dem Sattel reitenden Dorfe Bergkirchen (163 m) zu benennen pflegt (Abb. 90). Bald folgt ein etwas tieferer Paß, die Wallücke; Eisengruben haben hier zur Anlage einer Kleinbahn nach Löhne Veranlassung gegeben. Weitere Erwähnung verdient höchstens noch das Städtchen Lübbecke (4000 Einwohner), das bereits in den Kriegen Karls des Großen eine Rolle gespielt hat, und das Solbad Essen.

Wollten wir von Minden die Bahn nach Osnabrück benutzen, so würden wir anfangs dem Laufe der Werre und Else entgegenfahren, dann dem der Hase folgen (vergl. Seite 26). Die Weser überschreiten wir bei Rehme, dem übertausendjährigen, und erreichen dann eine der jüngsten Städte Westfalens, das Solbad Oeynhausen (3400 Einwohner). Die ersten Bohrversuche durch den Berghauptmann v. Oeynhausen, nach dem der Ort genannt ist, gehen auf das Jahr 1830, die Anlage der ersten Bäder bis 1845 zurück. Später nahm der Staat die Ausgestaltung der Anlagen in die Hand. Jetzt besitzt der Ort, der sich seit 1885 der Stadtrechte erfreut, verschiedene warme und kalte Solquellen, die jährlich rund 15 000 Gäste zu dem freundlich gelegenen, geschmackvoll und behaglich eingerichteten Bade locken und außerdem zur Gewinnung von

H. Abb. 111. Donopbrunnen in Detmold. (Zu Seite 116.)

Elsetal. Piesberg. Osnabrück.

Kochsalz dienen (Abb. 91). Das tiefste Bohrloch ist bis auf 707 m hinabgetrieben. Löhne ist ein bedeutender Eisenbahn=Knotenpunkt mit verschiedenen industriellen Anlagen, Bünde (5000 Einwohner) ein reizloses Städtchen, bekannt durch seine Zigarrenfabriken, seine Würste und seine Missionsfeste, Melle (3200 Einwohner) ein bescheidenes Solbad inmitten äußerst fruchtbaren Ackerlandes.

Nicht mit zum Wiehengebirge oder zum Süntel können wir aber die Berge rechnen, die sich zwischen jener zusammenhängenden Bergkette und der Else=Hase= Rinne, vielfach gegliedert, von Ost nach West ziehen. Sie sind stellenweise, so bei Melle und in der Gegend von Schledehausen, gut bewaldet und entbehren des landschaftlichen Reizes nicht. Ein besonderes Interesse beansprucht der nordwest= lich von Osnabrück gelegene Piesberg wegen seines im Jahre 1899 leider ein= gegangenen Kohlenbergwerkes, das eine ausgezeichnete Anthrazitkohle förderte, und wegen der mächtigen, noch jetzt von etwa 1000 Arbeitern ausgebeuteten Stein= brüche. Der dort gewonnene Kohlesandstein ist außerordentlich hart, aber recht grobkörnig. Er wird besonders als Pflaster= und Schotterstein verwendet. Zum Werkstein eignet er sich nicht; wohl aber wird der ausgewaschene Splitterkies mit Zement zu einem Kunststein namens Durilith verarbeitet, den man in Osnabrück vielfach zum Bau monumentaler Fassaden benutzt.

Daß Osnabrück (60000 Einwohner) eine sehr alte Siedelung ist, vielleicht die älteste unseres ganzen Gebietes, dafür spricht mancherlei; so das Vorhandensein zahlreicher Steingräber, wie sie sonst in unserem Gebiete nicht vorkommen, ferner aber auch der alte germanische Name Osnabrück selbst, der vermutlich als Götter= brücke zu deuten sein wird, wie Osning als Götterberg (s. Seite 110). Schwanken auch die Annahmen über die Entstehungszeit der Steingräber oder Dolmen, deren wir in den Karlssteinen am Piesberg ein treffliches Stück besitzen, so fällt sie doch wohl kaum später als in die Mitte des letzten vorchristlichen Jahrtausends. Die Gründung des Bistums erfolgte wohl bald nach dem entscheidenden Siege der Franken über Wittekind an der Hase (783), jedenfalls aber noch vor 787. Osna= brück ist also das älteste und wohl auch das bedeutendste sächsisch=karolingische Bistum gewesen. Um die Domfreiheit, die — wahrscheinlich schon vor der Gründung der ersten Kirche — von Bauern, später Ackerbürgern, bewohnt war, bauten sich Handwerker und Gewerbetreibende an. So erlangte der Ort, der später dem Westfälischen Städtebunde, sowie auch der Hansa beitrat, eine große Bedeutung als Handelsstadt und betrieb einen schwunghaften Export von Erzeug= nissen der Landwirtschaft, besonders der Viehzucht, wie Schinken, Häuten und Wolle, sowie von Leinwand und Tuch. Die Tuchmacherei, die im Jahre 1600 noch über 300 selbständige Meister beschäftigte, erlag in der Folgezeit der eng= lischen Konkurrenz, während sich die Leinweberei zwar länger hielt, aber infolge der Wirren des Siebenjährigen Krieges und infolge des Überganges vom Hand= betrieb zum Maschinenbetrieb schwere Krisen durchmachen mußte. Die heutige Regierungsbezirks=Hauptstadt, deren schnelles Wachstum erst seit dem großen Kriege von 1870 beginnt — denn im Jahre 1868 zählte sie noch 19600 Seelen gegen 59600 im Jahre 1905 —, ist nach ihrem industriellen Charakter in erster Linie Metallstadt. Erster Arbeitgeber in diesem Gewerbezweige ist der Georgs=Marien= Bergwerks= und Hüttenverein, der außer dem Georgsmarienhütte am Fuße des Dören= berges südlich von Osnabrück noch in der Stadt selbst das Eisen= und Stahlwerk, außerdem aber Erzfelder am benachbarten Hüggel, am Schafberg bei Ibbenbüren (s. Seite 110), an der Wallücke (vergl. Seite 107) und bei Werne in Westfalen besitzt. Auch der Piesberg gehört ihm. Im ganzen beschäftigt er weit über 6000 Arbeiter und erzeugte im Jahre 1907 über 300000 Tonnen Roheisen, Halb= und Fertig= fabrikate. Als Gegenstände des Osnabrücker Gewerbefleißes sind besonders Eisenbahn= bedarfsartikel wie Schienen, Schwellen, Weichen, Wegschranken, ferner aber Draht= röhren, Maschinen allerart, Brücken, Dachkonstruktionen, Kochherde, Kraftwagen und Musikinstrumente zu nennen, die in einer großen Anzahl von Fabriken erzeugt werden.

Abb. 112. Das Hermannsdenkmal.
Nach einer Photographie von H. Baumann in Bielefeld. (Zu Seite 116.)

Stark ist der Gegensatz zwischen dem modernen und dem mittelalterlichen Osnabrück, die noch nebeneinander bestehen. Niemand, der vom Gertruden- oder Westerberg das malerische Städtebild auf sich wirken läßt, wird sich diesem Eindruck entziehen können (Abb. 92). Zwar hat der Bischof, der seit dem Westfälischen Frieden seine Landeshoheit in der merkwürdigen Weise mit dem Welfenhause teilen mußte, daß abwechselnd ein katholischer Prälat und ein protestantischer Prinz das Fürstentum regierte, seit 1803 seine Reichsunmittelbarkeit verloren. Aber doch werden wir noch einen Begriff von der einstigen Bedeutung dieses kirchlichen Mittelpunktes empfinden, wenn wir den wuchtigen spätromanischen Bau des Domes und die schönen gotischen Gotteshäuser, die Johannis-, Marien- und Katharinenkirche, betrachten. Anderseits zeugen das stattliche spätgotische Rathaus nebst der Ratswage (Abb. 93) und die hübschen Wohnhäuser aus dem sechzehnten Jahrhundert von dem stolzen, tüchtigen Bürgersinn, der aus Osnabrück das gemacht hat, was es ist, und der auch bis jetzt nicht geschwunden ist.

XIII. Osning, Teutoburger Wald und Egge.

Das 100 km lange, schmale Gebirge, das mit dem niedrigen Huckberg unfern der Ems beginnt und bei Horn in Lippe in dem Velmerstot gipfelt und endet, hat im Mittelalter den Namen Osning, auch Osnegge, geführt; diese Bezeichnung umfaßte zugleich den südlich anschließenden Zug vom Velmerstot bis zum Diemeltale, der heute kurzweg Egge genannt wird. Egge, hochdeutsch Ecke, bedeutet soviel wie Schneide, enthält also eine ähnliche Bildvorstellung wie der Ausdruck Kamm. Asen-Egge ist also der Götter-Bergklamm. Jetzt wird der Name Osning besonders der Strecke von Erlinghausen bis Osnabrück beigelegt. Der aus Tacitus' Annalen stammende Name Teutoburger Wald wurde erst im neunzehnten

S. Abb. 113. Die Externsteine. (Zu Seite 118.)

s. Abb. 114. Die Kreuzabnahme, Hochrelief an den Externsteinen. (Zu Seite 118.)

Jahrhundert, nach den Befreiungskriegen, auf unser Gebirge, und zwar zunächst auf den sogenannten Lippischen Wald bezogen, seitdem der Detmolder Archivrat Clostermeier unter Hinweis auf die alte Befestigung der Grotenburg und auf deren mittelalterlichen Namen Tent den Nachweis zu führen versucht hatte, daß dort der Ort der Varusschlacht sei.

Ohne auf die geologische Erklärung des Gebirges (s. Seite 12 ff.) zurückzugreifen, möchte ich nur daran erinnern, daß wir es mit mehreren — zwei oder auch stellenweise drei — parallelen Ketten zu tun haben. Dazwischen ziehen sich schmale Längstäler hin. Aber auch an Quertälern fehlt es nicht, die in der

Regel bis auf den Grund des Gebirges hinabgehen. Zu ihnen gehört die Brechterbecker Schlucht, durch welche die Eisenbahn Ibbenbüren-Gütersloh hindurchgeht, ferner die Pässe von Iburg, Borgholzhausen und Bielefeld, die Dörenschlucht und mehrere kleinere Einschnitte.

Sehen wir von den inselartig aus der Diluvialdecke des Flachlandes links der Ems auftauchenden Hügeln ab, so haben wir das nordwestliche Ende des Osnings bei Bevergern am Dortmund-Ems-Kanal zu suchen.

Die Reise über diesen Bergzug aber werden wir am zweckmäßigsten in Ibbenbüren beginnen. Der Ort (5500 Einwohner), die Hauptstadt der ehemaligen Grafschaft Ober-Lingen, liegt nicht unmittelbar am Osning, sondern am Fuße des nördlich vorgelagerten Schafberg-Plateaus, das uns insofern interessiert, als es neben dem Hüggel und dem Piesberg bei Osnabrück in unserem Gebiete die paläozoischen Formationen, und zwar das obere Karbon, vertritt. Es liegen dort sieben abbauwürdige Flöze, die von etwa 800 Bergleuten meist für Rechnung des Staates ausgebeutet werden.

Eine Kammwanderung von Ibbenbüren zunächst bis Bielefeld erfordert drei bis vier Tage. Ihre Reize bestehen hauptsächlich darin, daß von den geologisch verschiedenen Parallelketten bald die eine, bald die andere die Führung übernimmt. Folgen wir stets der höchsten, so genießen wir immer wieder wechselnde Landschafts- und Vegetationsbilder. Anfangs schreiten wir auf der Sandsteinkette dahin. Sie hat hier trotz ihrer geringen Höhe etwas Ernstes, Starres. Ihre Flora ist noch ganz die der benachbarten Heide; Birke und Kiefer bilden den spärlichen Wald, Hülse und Wacholder ein niederes Buschwerk, und Heidekraut und Preißelbeere bedecken den Boden. Nur vereinzelt ragen nackte Felsen aus dem sonst abgerundeten Rücken hervor und bringen es uns zum Bewußtsein, daß wir nicht mehr auf Dünen oder auf den Geschieben der Eiszeit dahinschreiten. Unter jenen Steingebilden sind die Dörenther Klippen wegen ihrer grotesken Formen berühmt. Ungehindert aber schweift der Blick über die flacheren Landstriche im Norden und Süden und besonders hier weit hinein in die Münstersche Tieflandsbucht. Von Tecklenburg ab werden wir dagegen auf den buchenbedeckten Plänerhöhen wandern, die uns nur hie und da einen Ausblick aus dem Waldesschatten erlauben, dafür aber auch zuweilen einen recht lohnenden, wie der Große Freden (210 m) bei Iburg. Hier umfaßt das Auge einen weiten Horizont waldiger Höhen. Es sind außer der parallelen Sandsteinkette noch einige besondere Gruppen, die im Norden vorgelagert sind. Unter ihnen überragt der viel besuchte, wuchtige Dörenberg (331 m), zwischen Iburg und Georgsmarienhütte gelegen, den Osningzug selbst um ein beträchtliches. Nach einer längeren Wanderung durch einförmiges Stangengehölz, das bei Borgholzhausen endigt, haben wir zwischen dem Ravensberg und Halle die Wahl, ob wir auf der Südkette im Buchenwalde oder auf der Nordkette über kahle Sandsteinhöhen dahinschreiten wollen. Von Halle ab bilden die letzteren unbestritten den Hauptkamm. Äußerst lohnend ist ein Spaziergang über diesen an sich öden Rücken bei kühlem Herbstwetter, wenn der scharfe Südwestwind uns am Lodenmantel zaust, und wenn zwischen den jagenden Wolken immer neue Landschaftsbilder mit stets wechselnden Beleuchtungen in den beiden so grundverschiedenen Landschaften, dem fruchtbaren Ravensberger Hügellande und der sandigen Münsterbucht, vor unseren Blicken auftauchen. Freilich den würdigen Abschluß erhalten diese Genüsse erst, wenn wir vom Dreikaiserturm, den man in die alte Hünenburg (s. Seite 57) eingebaut hat, oder vom Schützenhaus auf dem Johannisberge auf das freundliche Bielefeld zu unseren Füßen hinabschauen.

Vergessen wir aber nicht, unterwegs den interessanten menschlichen Siedelungen gebührende Beachtung zu schenken. Da sind zunächst die drei stolzen Hochburgen zu nennen, die der Sage nach einst ein mächtiger Sachsenfürst aus Wittekinds Geblüte für seine Töchter Thekla, Ida und Rava erbaut hat: Tecklenburg, Iburg,

Abb. 115. Lemgo. Nach einer Photographie von Clemens Polzan in Lemgo. (Zu Seite 121.)

Ravensberg. Von der Feste Tecklenburg, deren fehdelustige Insassen über einen ausgedehnten Länderbesitz verfügten, stehen nur noch die Ringmauern. Im Jahre 1701 starben die Grafen aus, und ihr Schloß gab man dem Verfalle preis. Wohl aber liegt das malerische Städtchen (1000 Einwohner), das einst im Schutze der Burg entstand, noch heute auf seiner luftigen Höhe (200 m) und lockt durch die Reize seiner Lage zahlreiche Ausflügler herbei (Abb. 94).

Der gleichen Gunst erfreut sich Iburg (900 Einwohner), dessen Burg auf einem 142 m hohen Einzelhügel einen wichtigen Paß beherrscht. In dem Benediktinerkloster, das die Osnabrücker Bischöfe im Jahre 1070 hier gründeten, haben sie sechs Jahrhunderte hindurch ihre Residenz gehabt und damit wohl ebensosehr ihren strategischen Blick wie ein tiefes Verständnis für die landschaftlichen Reize dieses Fleckchens Erde bewiesen. Von den ursprünglichen Gebäuden ist infolge wiederholter großer Brände nicht viel auf unsere Tage gekommen, und die Ersatzbauten, die jetzt die Spitze des Hügels krönen — sie dienen zu Verwaltungszwecken — wirken im Landschaftsbilde weniger durch künstlerische Formen als durch ihre imponierende Massigkeit und ihre bevorzugte Lage (Abb. 95).

Trauriger noch waren die Geschicke der Burg Ravensberg (Abb. 96, 97 u. 99). Wohl ragt noch der gewaltige alte Bergfried und bietet uns ein köstliches Luginsland. An ihn aber lehnt sich eine bescheidene Försterwohnung anstatt des Schlosses, das im Jahre 1673 von dem Bischof von Münster, Bernhard von Galen, zusammengeschossen worden ist. Eine Stadt schließt sich an den Ravensberg nicht unmittelbar an. Borgholzhausen (1300 Einwohner) liegt eine halbe Stunde nördlich, Werther (2100 Einwohner) mehr östlich und das saubere, altertümliche Halle (1800 Einwohner) etwas weiter südlich (Abb. 98 u. 99). Erwähnenswert ist, daß hier wie in dem an derselben Bahnstrecke Osnabrück-Bielefeld liegenden Dissen (2000 Einwohner) die Herstellung seiner Fleischwaren fabrikmäßig betrieben wird. Man ist darin uralten westfälischen Überlieferungen treu geblieben. Denn es ist bekannt, daß Westfalen schon seit dem elften Jahrhundert seine Schinken und Würste weithin versandte, und daß sich in Cöln, Frankfurt und Mainz Markt- und Stapelplätze für diesen wohlschmeckenden Handelsartikel befanden (Abb. 100).

Bielefeld (72 000 Einwohner), der Hauptort der Grafschaft Ravensberg, die durch Erbschaft 1346 an Jülich, 1514 an Cleve und 1609 endlich an Brandenburg fiel, wird im Anfang des elften Jahrhunderts zuerst erwähnt (Abb. 101 bis 104). Es verdankt einerseits seine Entstehung der wichtigen alten Straße vom Rhein zur Weser, die wie auch jetzt die Cöln-Mindener Bahn das Gebirge hier in einem bequemen Passe durchschneidet, anderseits seine Stellung als Hauptstadt dem schützenden Bergneste Sparenberg, das, geschmackvoll ausgebaut, noch jetzt das reizende Stadtbild wirksam belebt. Dort steht auch das Standbild des Großen Kurfürsten inmitten der von ihm oft und gern bewohnten Baulichkeiten, aus deren Fenstern er auf sein geliebtes „Spinn- und Linnenländchen" herabzuschauen liebte. Das Leinengewerbe, dem auch er durch Förderung durch Anlage von staatlichen Leggen angedeihen ließ, hat recht eigentlich den Weltruf Bielefelds begründet. Mindestens seit dem sechzehnten Jahrhundert ist das Spinnen und Weben von Flachs im Ravensbergischen heimisch. Wie diese Beschäftigung aus den bescheidenen Anfängen eines landwirtschaftlichen Nebengewerbes herangewachsen ist, wie sie sich aus einem ländlichen zu einem städtischen Gewerbe, vom Handwerk zur Fabrikation exportfähiger Ware entwickelte, wie sie nach schweren Krisen der allgemeinen wirtschaftlichen Verhältnisse und der besonderen ihres Produktionszweiges durch Anpassung an die veränderten Umstände zu neuer Blüte hinaufstieg, ist hier nicht der Ort zu erzählen. Erwähnt mag nur werden, daß die erdrückende Konkurrenz der Baumwolle und der Maschine um die Mitte des neunzehnten Jahrhunderts glücklich überwunden wurde durch Anlage mechanischer Spinnereien und Webereien. Gegenwärtig sind die Ravensberger Spinnerei und die Bielefelder mechanische Weberei die größten Werke ihrer Art in ganz Deutschland. Aber mit ihnen

Bielefelds Umgebung. Herford.

wetteifern am Orte zahlreiche andere Firmen, die auch verwandte Gewerbe, u. a. Seiden- und Plüschweberei und vor allem die Wäschefabrikation und die Konfektion betreiben. Für diese letzteren Betriebe war die Herstellung von Nähmaschinen zunächst ein Hilfsgewerbe. Doch bildete es den Übergang zur Metallindustrie, die jetzt in Fahrrad-, Automobil-, Maschinen- und anderen Fabriken bereits ein größeres Arbeiterheer beschäftigt als die Gewebeindustrie. Von der Blüte des modernen Bielefeld legt der stattliche Rathaus- und Theaterbau von 1903 ein beredtes Zeugnis ab (Abb. 104).

Zum Einflußbereiche der Stadt gehören auch die neuerdings zu beträchtlicher Größe angewachsenen Nachbardörfer, von denen u. a. Schildesche mit altem, berühmtem Kloster 7700, Brackwede 9600 Einwohner zählen. Bei letzterem Orte liegen auch die großartigen Krankenanstalten von Bethel, die, im Jahre 1866 aus

F. Abb. 116. Marktplatz in Lemgo. (Zu Seite 121.)

den Liebesgaben christlicher Freunde gegründet, sich unter der Leitung des unermüdlichen Pastors v. Bodelschwingh zu nie geahnter Ausdehnung entwickelt haben (Abb. 101 im Vordergrunde). Die ganze Siedelung zählt etwa 5000 Seelen, darunter 4000 Kranke, meist Epileptiker, und arbeitet mit einem jährlichen Budget von drei Millionen Mark. Um dies zu verstehen, dürfen wir nicht vergessen, daß die Grafschaft Ravensberg von jeher ein Land äußerst regen religiösen Lebens gewesen ist, wie auch die großartige Missionstätigkeit daselbst beweist.

Die zweitgrößte Stadt Ravensbergs ist Herford (28900 Einwohner), am Einfluß der Aa in die Werre gelegen. Im frühen Mittelalter wegen seines hochberühmten, bis 1803 sogar reichsunmittelbaren Stiftes der Nachbarstadt Bielefeld weit überlegen, hat das „heilige Herford" in wirtschaftlicher Entwicklung nicht völlig gleichen Schritt halten können. Immerhin sind seine Spinnereien, seine Möbel- und seine Zigarrenfabriken von Bedeutung; die alten Kirchen und Bürgerhäuser erfreuen noch heute den Kunstfreund. Wie Herford, so birgt auch der auf Seite 39 erwähnte Flecken Enger Erinnerungen an den Sachsenherzog Wittekind, dessen schönes, allerdings späteren Zeiten entstammendes Grabdenkmal sich in dem uralten Kirchlein des Ortes befindet (Abb. 105).

Die weitere Bergwanderung vom Sparenberge nach Südost bietet uns zunächst ähnliche Eindrücke wie vor Bielefeld. Bei dem hochgelegenen, von Sommerfrischlern geschätzten Dorfe Erlinghausen überschreiten wir die Grenze des Fürstentums Lippe; dahinter auf dem Tönsberge besuchen wir die Reste des ehemaligen befestigten Sachsenlagers, das in den Kriegen gegen Karl den Großen eine Rolle gespielt hat. Später müssen wir vielfach tief durch den aus der benachbarten Senne in die Schluchten des Gebirges hereingewehten Sand stapfen, bis wir an der sogenannten Törenschlucht den eigentlichen Lippischen Wald erreichen (Abb. 8).

Hier sind wir an dem reizvollsten Stück des Gebirges angelangt. Die Gliederung des Berggeländes ist mannigfaltiger, die Gipfel höher, die Täler bedeutender geworden. Näher aneinander drängen sich die verschiedenen Landschaftsformen. Frischer Buchenwald, hochstämmige Fichtenbestände, lichte Parks stattlicher Eichen und echte Heide mit Kiefern und Wacholderbüschen wechseln je nach der Beschaffenheit des Untergrundes (Abb. 1 u. 106). Dabei werden die Forsten, die meist Staatsgut sind, sorgfältig gepflegt und weisen in den eingehegten Teilen einen stattlichen Wildstand auf. Noch anziehender aber wird die Landschaft durch mächtige Felsen wie die Externsteine und durch hübsche Wasserflächen wie die an ihrem Fuße aufgestaute Lichtenpte (Abb. 113) und den Donoper Teich) (Abb. 107).

Welcher aber von den vielbesuchten Orten ist der Glanzpunkt des Gebirges? Ist es Berlebeck, das hübsche Dorf, das sich im waldumschlossenen Talkessel bis in das Herz des Gebirges hineinzieht, hier überragt von dem Schloßhügel der ehemaligen Falkenburg, dort von dem modernen Pensionshause Johannaberg? (Abb. 7 u. 108). Ist es Detmold, die schmucke Residenz mit dem ansehnlichen Renaissanceschloß, mit den geräumigen Plätzen, sauberen Straßen, schattigen Gärten und Spaziergängen und den zahlreichen freundlichen Landhäusern? Detmold (13 200 Einwohner) ist zwar ein uralter Ort — denn schon im Jahre 783 besiegte Karl der Große die Sachsen bei Theotmalli, d. h. bei der Volksgerichtsstätte —, aber in seiner heutigen Erscheinung ist es durchaus modern (Abb. 12 u. 109). Residenz ist es seit 1511. Einzelne Bestandteile des Fürstenschlosses gehen allerdings auf das fünfzehnte Jahrhundert zurück; seine heutige Renaissancefassade aber gab ihm der Umbau von 1557 (Abb. 110). Da die natürlichen wirtschaftlichen Hilfsquellen Detmolds nicht groß sind, so mußte der Staat und der Hof der Stadt geben, was sie zu dem bedeutendsten Platze des Landes machte. So legte der prachtliebende Graf Friedrich Adolf um 1700 die schönen Parks und Promenaden an, und so vermehrten spätere Zeiten die öffentlichen Gebäude und Denkmäler, unter denen der niedliche Donopbrunnen von Hölbe (Abb. 111) erwähnt werden mag.

Die eigentliche Sehenswürdigkeit von Detmold ist aber doch die Grotenburg (388 m) mit dem Hermannsdenkmal (Abb. 1 u. 112). Von dem Großen Hünenring, der alten Befestigung, die früher den Gipfel des Berges umzog, und in der Clostermeier und neuerdings Schuchhardt die altgermanische Teutoburg erkennen wollen, ist nur wenig erhalten (vergl. Seite 57). Mehr fällt dem Touristen die am Fuß des Berges gelegene, wohl erst aus der sächsischen Zeit stammende Wegschanze auf, die man den Kleinen Hünenring nennt. Das Denkmal Armins, das die Kuppe des Berges noch um fast 54 m überragt, besteht aus einem besteigbaren steinernen Rundtempel, der eine herrliche Umschau gewährt, und dem aus Kupfer geschmiedeten Kolossalfigur des Cheruskerhäuptlings darüber. Es ist Ernst v. Bandels Lebenswerk, dessen Vollendung ihm erst nach fünfzigjähriger Arbeit und nach einer schier endlosen Kette von Enttäuschungen im Jahre 1875 gelungen ist.

Wie diese Stätte ist noch eine andere durch Natur und Kunst in gleicher Weise ausgezeichnet. Ich meine jene gewaltigen Sandsteinfelsen, die am Nord-

s. Abb. 117. Erker mit Laube am Rathaus in Lemgo. (Zu Seite 121.)

S. Abb. 118. Fürstliches Schloß in Pyrmont. (Zu Seite 121.)

fuß des Gebirges bei dem Städtchen Horn (1100 Einwohner) gleich Riesensäulen phantastisch aus dem Boden emporsteigen und unter dem Namen Externsteine bekannt sind (Abb. 113). Der eine der Felsen birgt in seinem Inneren eine Kapelle nebst einigen Nebenräumen. Sie ist im Jahre 1115 von einem Paderborner Bischof geweiht, und man hat lange Zeit geglaubt, daß die Mönche des Klosters Abdinghof in Paderborn, die im Jahre 1093 die Gegend käuflich erwarben, auch die Schöpfer der Grotte seien. Demgegenüber weist Anton Kisa auf ein in den Boden gemeißeltes Becken hin, das er nur aus der Benutzung bei heidnischen Opfern glaubt erklären zu können. Ebenso sei die Anlage einer zweiten Kapelle oben auf dem Nachbarfelsen nur in der Weise zu deuten, daß dort ein heidnisches Heiligtum bestanden habe, an dessen Stelle die Abdinghöfer, dem sonstigen Verfahren der Kirche getreu, ein christliches gesetzt hätten. „Die Externsteine weisen demnach die drei charakteristischen Merkmale altgermanischer Kultusstätten auf, das Grottenheiligtum, das obere Heiligtum und den am Fuße des Felsens vorbeifließenden Bach." An dem Ufer dieses letzteren haben die Mönche ein „heiliges Grab" angelegt. So war denn das Ganze zum Wallfahrtsorte geworden. Aus dieser Bestimmung erklärt sich auch der merkwürdigste Bestandteil der mittelalterlichen Anlage, das kolossale Hochrelief, das in die Außenwand des Kapellenfelsens hineingearbeitet worden ist, ein Werk einzig in seiner Art, das bedeutendste frühchristliche Skulpturdenkmal Norddeutschlands überhaupt (Abb. 114). Da sehen wir staunend die lebensgroßen Gestalten des Nikodemus und des Joseph von Arimathia, wie sie den Heiland vom Kreuze heben; daneben stehen Maria und der Evangelist Johannes. Gottvater aber schwebt darüber mit der Siegesfahne und hält die Seele Jesu in Kindesgestalt auf dem Arme, während Sonne und Mond mit Schleiern ihr Antlitz kummervoll verhüllen. Darunter befindet sich noch eine stark verwitterte symbolische Darstellung des Sündenfalles, ein kniendes Menschenpaar, in die Windungen eines abenteuerlichen Drachen verstrickt.

Der Lippische Wald endet mit dem 468 m hohen, aussichtreichen Velmerstot. Da der südwärts gerichtete Zug der Egge, der allmählich breiter und flacher wird, weniger landschaftliche Reize besitzt und uns an ihm nur vereinzelte Siedelungen, wie der bedeutende Eisenbahnknotenpunkt Altenbeken, das kleine Stahlbad Driburg (2700 Einwohner) unter der ehemaligen Sachsenfeste Iburg und das Dorf Neuenheerse mit seiner romanischen Stiftskirche interessieren würden, so nehmen wir hier auf der luftigen Höhe Abschied vom Teutoburger Walde und überschauen das weit vor uns ausgebreitete Hügelland von Lippe, Pyrmont und Südwestfalen, dem unsere letzte Reise gelten soll.

XIV. Zwischen Teutoburger Wald und Weser.

Da wir in den letzten beiden Abschnitten den zusammenhängenden Bergzügen gefolgt sind, haben wir ein interessantes Gebiet bisher fast umgangen. Es ist das Hügelland zwischen Teutoburger Wald und Weser, das sich von der Talfurche Bielefeld-Porta im Nordwesten bis zum Diemeltale im Südosten hinzieht und durch die Emmer und die Nethe in das Lippische Hügelland, das Höxtersche Höhenland und die Warburger Börde geteilt wird. Wir haben es hier mit einem äußerst mannigfaltig gegliederten Gelände zu tun, dessen Oberfläche hauptsächlich von den verschiedenen Gesteinen des Keupers (Abb. 3), im Süden und Osten auch von Muschelkalk gebildet wird, wogegen Buntsandstein nur an der Umrandung des Pyrmonter und des Driburger Kessels zu finden ist. Im Süden zeigen sich auch einzelne basaltische Durchbrüche. Einige Teile dieses Gebietes sind nur als flachwellig zu bezeichnen, wie z. B. die Gegend an der unteren Werre und Bega, das Dreieck zwischen Bielefeld, Herford und Lage, sowie die

S. Abb. 119. Inneres der Kreuzkirche in Lügde. (Zu Seite 121.)

…de im Süden. Stattlichere Höhengruppen weist der Norden Lippes zwischen … und Weser auf, wie den Bornstapel, die Lemgoer Mark, die Sternberger …, den Hohen Asch und den Taubenberg, deren zwischen 300 und 400 m … Gipfel wegen ihrer Fernsichten geschätzt sind. Einen tiefen Talkessel mit …, über 300 m hohen Rändern bietet das Emmertal bei Pyrmont und Lügde, ein vermoortes Hochplateau der Schwalenberger Wald (446 m), den man auch als das Mörth bezeichnet, eine einsame kegelförmige Hochwarte der Köterberg (497 m), endlich steilrandige Muschelkalkhöhen das Gelände längs der Weser und der Nethe. An sogenannten landschaftlichen Sehenswürdigkeiten ist dieses Gebiet verhältnismäßig arm, und da es auch in bezug auf die Bewaldung den anderen Teilen unseres Gebietes nachsteht, locken nur wenige Punkte einen größeren Touristenschwarm herbei. Das aber, was man als intimere Reize einer Landschaft bezeichnet, wird der Wanderer, wenn er sich Zeit läßt, in lauschigen Tälern, malerischen Dörfern und Gehöften, interessanten Hausformen und Volkstypen in reichem Maße finden (Abb. 26 bis 29, 78 u. 122). Mit Recht singt daher der lippische Poet Stockmeyer:

> Voll Gottes Segen und voll Fleißes Frucht
> Ist unser Land, ein Land voll Lieblichkeiten,
> Wo Berg und Auen um den Vorrang streiten.
> Ja, welcher Wandrer hätte es besucht
> Und dächte nicht der freundlichen Gefilde
> In diesem frohen, lebenswarmen Bilde,
> Das Anmut, Reiz und Schönheit uns bereiten!

Ihren Anfang mag unsere Reise von Salzuflen (5800 Einwohner) nehmen, dem altertümlichen Salinenstädtchen mit dem kleinen Solbade und der weltberühmten Hoffmannschen Stärkefabrik, die an Größe auf dem europäischen Festlande ihresgleichen nicht hat. Über Lage (5500 Einwohner), wo sich die beiden Bahnen des Lipperlandes, Bielefeld-Hameln und Herford-Altenbeken, kreuzen, geht es nach

Abb. 120. Schwalenberg.
Verlag der Hinrichs'schen Hofbuchhandlung (H. Knöner) in Detmold. (Zu Seite 122.)

Lemgo. Pyrmont. Lügde.

S. Abb. 121. Das Rathaus in Schwalenberg. (Zu Seite 122.)

Lemgo (9000 Einwohner), dem man mit freundlicher Übertreibung den Namen des lippischen Nürnberg gegeben hat (Abb. 115 bis 117). Tatsächlich ist es die älteste und vormals bedeutendste Stadt des Fürstentums. Welche Rolle es in Altwestfalen spielte, ersehen wir aus dem Umstande, daß es zur Taxe der Hansa mit weit höheren Beiträgen als Hameln und Bielefeld herangezogen wurde. Von dem ehemaligen Wohlstande zeugen eine Menge älterer Bürgerhäuser, deren spitze, straßenwärts gerichtete Giebel noch das Formprinzip der Gotik verraten, während die in Holz oder Stein geschnittenen Ornamente bereits dem Geschmack der Renaissance huldigen. Die gleiche Stilmischung beobachten wir an dem neben den beiden Hauptkirchen bedeutendsten Bauwerke Lemgos, dem herrlichen Rathause, während das nahe Schloß Brake ein reiner Renaissancebau ist.

Der Vollständigkeit halber erwähnen wir noch die Städtchen Barntrup (1700 Einwohner) und Blomberg (3600 Einwohner) mit ihren alten Schlössern und wenden uns zu dem Bade Pyrmont (3900 Einwohner), das den Hauptort einer waldeckischen Exklave, einer ehemals selbständigen Grafschaft, bildet (Abb. 118). Die kohlensauren Stahl- und Solquellen scheinen von alters her bekannt gewesen zu sein. Doch beginnt der eigentliche Aufschwung erst mit dem sechzehnten Jahrhundert. Die heilkräftigen Wasser und die liebliche Umgebung des Talkessels, dessen Wände überall bis zu 200 m relativer Höhe emporsteigen, lockte besonders die vornehme Welt, während das nicht allzuferne Bad Meinberg immer einen etwas bescheideneren Besucherkreis hatte. Im siebzehnten und achtzehnten Jahrhundert strömten Fürstlichkeiten und Adlige, aber auch Künstler und Gelehrte aus ganz Europa in Pyrmont zusammen. Merkwürdig mutet es uns an, daß in diesem Bade, das jetzt in erster Linie bleichsüchtige Damen aufsuchen, Männer wie der Große Kurfürst, Peter der Große, Friedrich der Große und Blücher den Eisengehalt ihres Blutes glaubten verstärken zu sollen.

Das Emmertal ist uralter Kulturboden. Lügde (2700 Einwohner), das noch jetzt ein ausgezeichnetes romanisches Kirchlein (Abb. 119) besitzt, ist eine alte karolingische „villa". Schieder, unterhalb der altsächsischen Skidroburg gelegen, der zugehörige Reichshof, in dem Karl der Große vermutlich im Jahre 784 das Weihnachtsfest gefeiert hat.

Bis in die Karolingerzeit reicht auch die Geschichte Schwalenbergs oder wenigstens seines Grafengeschlechtes zurück. Das Gebiet dieses Herrscherhauses war im Mittelalter weit ausgedehnt; es reichte von der Diemel bis zum Deister; die Herrschaften Waldeck, Pyrmont und Sternberg sind nur spätere Abzweigungen seines Besitzes, die Klöster Marienmünster und Falkenhagen, deren edle Baulichkeiten uns noch heute erfreuen, seine Gründungen. Wie das zuletzt genannte Stift und das Schloß Sternberg, das auf waldiger Höhe unweit Lemgos das Begatal überragt, wurde auch die Burg und die Stadt Schwalenberg (Abb. 120) von dem Grafen Volkwin III. erbaut, der seinen Wohnsitz von der früheren Burg Schwalenberg, später Oldenburg genannt, dorthin verlegte. Von dem damaligen Schloßbau steht nur noch ein schmuckloser Flügel auf einem Bergkegel am Fuße des Mörths; um diesen Hügel aber schmiegt sich noch jetzt das Städtchen (800 Einwohner), dessen geschmackvoll ausgebautes Rathaus von 1579, 1603 und 1909 eine Perle deutscher Holzarchitektur ist (Abb. 121).

Obgleich wir nunmehr an der Ostgrenze des Lipperlandes angelangt sind, können wir es nicht verlassen, ohne eines für das ganze Fürstentum höchst charakteristischen Gewerbes, der Ziegelei, zu gedenken. Dieser Arbeitszweig ist, wie es scheint, nicht sehr alt, hat sich vielmehr wohl erst nach dem Dreißigjährigen Kriege ausgebildet. Ungenügender Verdienst in der Heimat veranlaßte damals viele Männer, als Grasmäher und Torfstecher nach Holland und Friesland zu gehen. Im Jahre 1682 wird aber neben dieser Auslandsarbeit auch das Ziegelstreichen erwähnt. Auf die beweglichen Klagen der „gehorsamen Stände und Ritterschaft" wegen der Leutenot in der Landwirtschaft erließ der Landesherr eine Verordnung, in der es heißt: „wobei wir auch denenjenigen, welche sich bishero zu gewisser Zeit des Auslaufens in fremde Länder angemaßet, daselbst Ziegelarbeit sich zu bedienen, solche ihre bisherige Gewohnheit, und zwar einem jeden bei Strafe 50 Goldfl. alles Ernstes verbieten." Aber Verbote und Plackereien halfen nicht viel. Die Zahl der Ziegler wuchs, und zwar besonders 1842 nach dem Brande Hamburgs, 1846 nach der mehrfach erwähnten Leinenkrisis, die dem Gewerbe viele ehemalige Weber zuführte, und 1871 nach dem Kriege. Jetzt dürfte ihre Zahl etwa 15000 betragen, d. h. über 10 % der gesamten Bevölkerung.

S. Abb. 122. Lippischer Hirtenjunge. (Zu Seite 122.)

Die Ziegelmacherei ist Saisonarbeit. Sobald die ersten Lenzwinde wehen, verlassen die sangesfrohen Scharen das Heimatland, kaum der Schule entwachsene Knaben, rüstige Männer und bärtige Greise, um in allen deutschen Gauen, ja selbst in Holland, Dänemark, Polen und Ungarn ihrem Verdienst nachzugehen. Während der Arbeitsmonate lebt der Ziegler äußerst einfach und mäßig. Erbsen und immer wieder Erbsen sind seine tägliche Kost und dazu Wurst, Speck und Schinken aus dem heimischen Vorrat. Denn das verdiente Bargeld muß der Gattin oder den alten Eltern heimgebracht werden, die inzwischen mit Hilfe der Kinder mühselig den Garten und das Stückchen Acker bestellt, für das Vieh, vor allem für die zahlreichen Ziegen gesorgt und Haus und Hof in Ordnung gehalten haben (Abb. 27 u. 122). Wehe dem, der sich zu unnützen Ausgaben hat verleiten lassen und die erwarteten hundert Taler nicht abgeben kann! Verachtung ist sein Lohn. Wie aber den wackeren Zieglern zumute ist, wie schwer ihnen

Abb. 123. H. Wienke, Ziegler und Volksdichter in Brakelsiek (Lippe).
(Zu Seite 123.)

der Abschied von der schönen Heimat fällt, wie sie sich auf die wohlverdiente Ruhe des Winters freuen, das erfahren wir am besten aus den „Zieglerliedern", den Gedichten, die Heinrich Wienke in Brakelsiek bei Schieder, ein echter Ziegler und ein echter Poet, nunmehr schon in vierter Auflage seinen Kameraden gewidmet hat (Abb. 123). Da heißt es z. B. in dem „Abschiedstrost":

Reich' mir, lieb Weib, den Wanderstab,
Er steht in jener Ecke,
Und wenn ihn deine Hand mir gab,
So reis' ich frisch und fröhlich ab,
Du weißt, zu welchem Zwecke.

„Zu welchem Zweck, das weiß ich ja,
Doch, Schatz, ich kann dir's sagen,
Es tränket meine Seel', fürwahr,
Daß du für uns mußt alle Jahr
Dich in der Ferne plagen."

O darum quäl' dich nicht so sehr,
Bin ich's doch nicht alleine,
Denn wandern müssen noch viel mehr.
Gott führ' mich fröhlich wieder her,
Und bleib' ich aus, dann weine.

Aber auch wir werden von dem Land der roten Rose und damit von den Weserbergen überhaupt, sowie von dem Teutoburger Walde Abschied nehmen müssen. Die südlichen Teile unseres Hügellandes enthalten zwar insbesondere im sogenannten Nethegau noch einige interessante Stätten, wie z. B. die Edelsitze Rheder und Hinnenburg bei dem Städtchen Brakel (3600 Einwohner) oder den hochgelegenen Flecken Dringenberg mit seiner alten bischöflich paderbornischen Burg. Aber weder diese Orte noch das freundliche Tal der Nethe selbst werden uns dauernd fesseln können. Wir eilen wiederum der Weser zu und gelangen so zurück in die Gegenden, von denen unsere Rundreise ihren Ausgang nahm. Sie ist vollendet. Wird es die letzte Fahrt sein, die wir nach diesem lieblichen Landstriche machen? Ich für mein Teil hoffe es nicht!

Und tönen wieder die Gesänge
Der Lerchen an des Himmels Blau,
Dann lockt mich aus der dumpfen Enge
Der liebe, alte Heimatgau:

Das Wogen reicher Saatenfelder,
Der fetten Wiesen üppig Grün,
Das Quellenrauschen kühler Wälder,
Der Hügel frisches Buchengrün,

Des Stromes traulich klarer Spiegel,
Des Fährmanns Hütte strohgedeckt,
Des Dörfleins übermooste Ziegel
In Apfelblüte fast versteckt;

Es locken Mauern mich und Wälle
Der weltentrückten kleinen Stadt,
In schmalen Gäßchen manche Stelle,
Die einst so gern mein Fuß betrat,

Auch stolzer Burgen morsche Trümmer,
Von Efeuranken überdeckt,
Der Bergzug, der in blauem Schimmer
Sich neblig in die Ferne streckt.

Das alles lockt aus dumpfer Enge
Mich in den lieben Heimatgau.
Denn, horch! schon tönen die Gesänge
Der Lerchen an des Himmels Blau.

Literatur.

A. Penck, Das Deutsche Reich (Länderkunde des Erdteils Europa, herausgegeben von A. Kirchhoff I, 1). Prag und Leipzig 1887.
H. Guthe, Die Lande Braunschweig und Hannover, bearb. von A. Renner. Hannover 1888.
J. Meyer, Die Provinz Hannover. Hannover 1888.
E. Oehlmann, Landeskunde der Provinz Hannover und des Herzogtums Braunschweig. 3. Aufl. Breslau 1908.
J. Wormstall, Landeskunde der Provinz Westfalen. 4. Aufl. Breslau 1907.
J. B. Nordhoff, Altwestfalen. Münster 1898.
L. Schücking und F. Freiligrath, Das malerische und romantische Westfalen. 4. Aufl.
H. Schwanold, Das Fürstentum Lippe. Detmold 1899. [Paderborn 1898.
W. Wiegmann, Heimatkunde des Fürstentums Schaumburg-Lippe. Stadthagen 1905.
C. Heßler, Hessische Landes- und Volkskunde. Marburg 1904.
H. Keller, Weser und Ems. Berlin 1901.
E. Küster, Die deutschen Bundsandsteingebiete. Stuttgart 1881.
M. Buesgen, Der deutsche Wald. Leipzig o. J.
E. Wagner, Die Bevölkerungsdichte in Südhannover. Stuttgart 1903.
W. Nedderich, Wirtschaftsgeographische Verhältnisse, Ansiedelungen und Bevölkerungsverteilung im ostfälischen Hügel- und Tieflande. Stuttgart 1902.
A. Meitzen, Der Boden u. die landw. Verhältnisse des preuß. Staates. Bd. V. Berlin 1894.
— Siedelung und Agrarwesen der Westgermanen und Ostgermanen usw. Berlin 1895.
(Entwicklung und Tätigkeit des Landwirtschaftlichen Hauptvereins für das Fürstentum Osnabrück. Osnabrück 1896. (Aufsatz von C. B. Stüve.)
Festschrift zur fünfzigjährigen Jubelfeier des Land- und Forstwirtschaftlichen Hauptvereins für den Reg.-Bez. Hannover. Hannover 1886.
K. Rhamm, Dorf und Bauerschaft im altdeutschen Lande. Leipzig 1890.
M. Sering, Die Vererbung des ländlichen Grundbesitzes. Bd. II. Berlin 1900.
H. Potthoff, Die Leinenleggen in der Grafschaft Ravensberg (15. Jahresbericht des historischen Vereins für die Grafschaft Ravensberg). Bielefeld 1901.
Dr. Reese, Die geschichtliche Entwicklung der Bielefelder Leinenindustrie (11. Jahresbericht des hist. Ver. f. d. Grafsch. Ravensberg). Bielefeld 1897.
A. Ebert, Geschichtliche Darstellung des Kohlenbergbaues im Fürstentum Calenberg (Zeitschr. d. hist. Ver. f. Niedersachsen). Hannover 1866.
M. Staercke, Die lippischen Ziegler. Detmold 1901.
Berichte der Handelskammern Göttingen, Hannover, Minden, Bielefeld und Osnabrück 1905 bis 1907.
B. Uhl, Die Verkehrswege der Flußtäler um Münden. Hannover u. Leipzig 1907.
W. Peßler, Das altsächsische Bauernhaus in seiner geograph. Verbreitung. Braunschweig
F. Jostes, Westfälisches Trachtenbuch. Bielefeld, Berlin und Leipzig 1904. [1906.
H. Jellinghaus, Zur Einteilung der niederdeutschen Mundarten. Kiel 1874.
C. Schuchhardt (vorher A. v. Oppermann), Atlas vorgeschichtlicher Befestigungen in Niedersachsen I bis VIII. Hannover 1887 bis 1905.
K. Rübel, Die Franken, ihr Eroberungs- und Siedelungssystem. Bielefeld u. Leipzig 1904.
W. Lübke, Die mittelalterliche Kunst in Westfalen. Leipzig 1853.
A. Kisa, Die Externsteine (Jahrb. d. Vereins v. Altertumsfreunden im Rheinl. Heft 94).
A. Wurm, Osnabrück. 2. Aufl. Osnabrück 1906. [Bonn 1893.
H. E. und M. Marcard, Pyrmont und seine Umgebungen. Paderborn 1861.
R. Francke, Geschichte der Stadt Carlshafen. 2. Aufl. Carlshafen 1899.
Festschrift zur 650jährigen Jubelfeier Schwalenbergs. Hannover 1906.
L. Puritz, Der hannoversche Tourist. 12. Aufl. Hannover 1907.
E. Görges, Wegweiser durch das Weserbergland. 7. Aufl. Hameln 1902.
H. Thorbecke, Der Teutoburger Wald. 10. Aufl. Detmold 1909.
H. Aschenberg, Der Teutoburger Wald. Münster 1906.

Benutzt wurden noch die amtlichen Darstellungen der Kunst- und Altertumsdenkmäler der verschiedenen Gebiete, soweit sie erschienen sind, ferner eine große Zahl von Lokalführern und zahlreiche kleinere Aufsätze in verschiedenen Zeitungen und Zeitschriften.

Verzeichnis der Abbildungen.

Abb.		Seite
1.	Das Hermannsdenkmal im Morgennebel	2
2.	Das Verwerfungssystem entlang dem Egge-Gebirge zwischen Driburg und Willebadessen	6
3.	Die Keuperlandschaft bei Aerzen, südwestlich von Hameln	8
4.	Profil durch Weserkette und Bückeberge	9
5.	Blick vom Deister über das Tal von Springe zum Saupark und Nesselberg	10
6.	Der Deister-Saupark-Sattel	10
7.	Das Längstal der Cenomanmergel bei Berlebeck im Teutoburger Walde	11
8.	Dünenlandschaft im Lippischen Walde	12
9.	Südrand der Dünenbildungen am Teutoburger Walde	13
10.	Schematisches Profil des Osnings	14
11.	Die Hebungslinien des Teutoburger Waldes	14
12.	Der Teutoburger Wald bei Detmold	15
13.	Kohlensäuresprudel bei Herste	16
14.	Profil durch Falkenhagener Liasgraben und Köterberg	16
15.	Das Wiehengebirge als Schichtstufe auf dem Nordflügel des Osning-Sattels	17
16.	Buchenhochwald am Blümer Berg bei Münden	20
17.	Eibenruine bei Freudental unweit Münden	21
18.	Der Meiler ist „holtrei". Aus dem Solling	22
19.	Köhlerhütte im Vogler	23
20.	Köhler im Solling auf dem brennenden Meiler	24
21.	Köhler im Solling beim Verpacken fertiger Kohlen	24
22.	Sattelmeierhof Nordhof bei Enger	25
23.	Fränkisches Gehöft in Niederscheden bei Münden	26
24.	Hof in Kalkriese bei Engter (Osnabrück)	27
25.	Diele in Sudenfeld, Kreis Iburg	28
26.	Gehöft in Linnenbecke bei Vlotho	29
27.	Diele eines lippischen Zieglerhauses in Heidelbeck	30
28.	Gasthaus in Volksen bei Rinteln	31
29.	Motiv aus Exten bei Rinteln	32
30.	Bauernfamilie aus Meinsen bei Bückeburg. Älterer Typus	33
31.	Bauermädchen aus der Gegend von Nenndorf	33
32.	Schulmädchen aus Eisbergen (Kreis Minden) auf dem Kirchgang	34
33.	Bauernmädchen aus Uffeln bei Vlotho	35
34.	Bauersfrau aus Hahlen bei Minden	36
35.	Bauer aus Hahlen bei Minden	36
36.	Münden und das Fuldatal	37
37.	Das Rathaus in Münden	38
38.	Der Marktplatz in Münden	39
39.	Die Vorstadt Blume in Münden	39
40.	Bursfelde	40
41.	Klosterkirche in Bursfelde	41
42.	Hugenotten aus Gewissenruh	42
43.	Carlshafen vom Diemeltal aus gesehen	42
44.	Helmarshausen und die Krukenburg gegen den Solling	43
45.	Basaltbruch am Hohen Hagen	44
46.	Trendelburg an der Diemel	45
47.	Hirschfütterung im Reinhardswald	45
48.	Das Rathaus in Einbeck	46
49.	Eickesches Haus in Einbeck	47
50.	Bremer Straße bei Beverungen	48
51.	Zwei Fährleute, Vater und Sohn, aus Wehrden	48
52.	Fürstenberg	49
53.	Corvey	50
54.	Eingang zur Abtei Corvey	50
55.	Höxter, vom Felsenkeller aus gesehen	51
56.	Schloß Bevern	52
57.	Schichtung der Muschelkalk-Formation bei Bodenwerder	53
58.	Polle	54
59.	Die Steinmühle	54
60.	Bodenwerder	55
61.	Schloß Hehlen	56
62.	Straße in Eschershausen	57
63.	Adam und Eva am Ith	58
64.	Am Rotenstein bei Eschershausen	59
65.	Lauenstein	60
66.	Bückeburg	61
67.	Saukörnung am Kleinen Deister bei Springe	62
68.	Die lutherische Kirche in Bückeburg	63
69.	Das neue Rathaus in Bückeburg	64
70.	Hameln gegen den Süntel	65
71.	Das Rattenfängerhaus in Hameln	66
72.	Schloß Hämelschenburg bei Hameln	67
73.	Kapelle beim Armenhaus Wangelist (Hameln)	68
74.	Rinteln gegen den Taubenberg	69
75.	Blick von der Bückeburger Chaussee in das Tal von Rinteln	70
76.	Dankerser Mühle bei Rinteln	71
77.	Vlotho gegen den Amthausberg und das Wiehengebirge	72

Verzeichnis der Abbildungen

Abb.		Seite
§. 78.	Exten bei Rinteln	73
§. 79.	Schloß Varenholz	75
80.	Möllenbeck gegen die Weserkette (Papenbrink, Lange Wand, Luhdener Klippe)	77
81.	Süntelbuche auf der Schafweide bei Hülsede	78
§. 82.	Der Hohenstein gegen den Süntel	79
§. 83.	Turm der Schaumburg gegen die Paschenburg	80
§. 84.	Die Arensburg	81
§. 85.	Die Weserkette bei Rinteln (Lange Wand, Luhdener Klippe)	82
§. 86.	Porta Westfalica von Süden	83
87.	Das Kaiser Wilhelm-Denkmal an der Porta Westfalica	84
88.	Minden	85
89.	Inneres des Doms zu Minden	86
§. 90.	Bergkirchen auf dem Wiehengebirge	87
91.	Königl. Kurhaus in Bad Oeynhausen	88
92.	Osnabrück vom Gertrudenberge aus gesehen	89
93.	Der Markt in Osnabrück	90
§. 94.	Tecklenburg	91
95.	Schloß Iburg	92
96.	Burg Ravensberg im Jahre 1839	93
97.	Burg Ravensberg	93
98.	Straße in Halle i. W.	94
99.	Kette des Teutoburger Waldes bei Halle mit Blick auf den Ravensberg	95
100.	Idyll aus Amshausen bei Halle i. W.	96
101.	Blick auf Bielefeld	97
102.	Burg Sparenberg (Bielefeld) vom Johannisberg aus gesehen	98
103.	Haus in der Oberntorstraße in Bielefeld	99
104.	Rathaus und Theater in Bielefeld	100
105.	Grabmal Wittekinds in der Kirche zu Enger	101
106.	Waldchaussee von Detmold zum Jagdschloß Lopshorn	102
107.	Donoper Teich bei Detmold	103
§. 108.	Berlebeck	104
109.	Detmold gegen das Hermannsdenkmal	105
§. 110.	Fürstliches Schloß in Detmold	106
§. 111.	Donopbrunnen in Detmold	107
112.	Das Hermannsdenkmal	109
§. 113.	Die Externsteine	110
§. 114.	Die Kreuzabnahme, Hochrelief an den Externsteinen	111
115.	Lemgo	113
§. 116.	Marktplatz in Lemgo	115
§. 117.	Erker mit Laube am Rathaus in Lemgo	117
§. 118.	Fürstliches Schloß im Pyrmont	118
§. 119.	Inneres der Kreuzkirche in Lügde	119
120.	Schwalenberg	110
§. 121.	Das Rathaus in Schwalenberg	121
§. 122.	Lippischer Hirtenjunge	122
123.	F. Wienke, Ziegler und Volksdichter in Brakelsiek (Lippe)	123

Die mit §. gekennzeichneten Abbildungen sind photographische Aufnahmen des Verfassers.

Register.

Aa 115.
Aale 75.
Adam und Eva 58 (Abb. 63). 86.
Adelebsen 75. 76.
Aerzen 8 (Abb. 3).
Alfeld 35.
Altenbeken 11. 22. 119.
Altenteil 41.
Alte Weser 25.
Altschieder 58.
Amelith 33.
Amelungsenburg 57.
Amelunxborn 77.
Amshausen 96 (Abb. 100).
Amthausberg 100.
Anerbe 40.
Angrivarier 56.
Ansiedlungsformen 36.
Anthrazitkohle 108.
Arensburg 81 (Abb. 84). 102.
Arminius 56.
Aue, Bückeburger 5. 93.
Aue, Rodenberger 26. 91.

Babilönie 58.
Bad Eilsen s. Eilsen.
Bad Oeynhausen s. Oeynhausen.
Barenberg 10.
Barenburg 89.
Barntrup 121.
Barsinghausen 9. 90.
Basaltbruch 44 (Abb. 45).
Bauernhof 25 (Abb. 22) bis 32 (Abb. 29). 38. 40. 43. 45.
Bauerschaften 43.
Beberbeck 73.
Bega 26. 119. 120. 122.
Bennigsen 4.
Bennigserburg 58. 90.
Bentberg 18.
Bergkirchen 87 (Abb. 90). 107.
Besitzverhältnisse 35.
Berlebeck 10. 11 (Abb. 7). 104 (Abb. 108). 116.
Bethel 115.
Bever 79.
Beverbach 78. 82.
Bevergern 5. 10. 112.
Bevern 52 (Abb. 56). 82.
Beverungen 79.
Bevölkerung 33 (Abb. 34) bis 36 (Abb. 35).
Bielefeld 10. 14. 15. 97 (Abb. 101) bis 100 (Abb. 104). 112. 114. 115.
Bielefeld, Paß von 112.
Bielstein 8. 12.
Bifurkation 26.
Bismarcksäule 103.
Blankenau 79.
Blankenrode 10.
Blomberg 121.
Blöße, Große 76.

Bloße Zelle 11. 88.
Blume 39 (Abb. 39).
Blümer Berg 20 (Abb. 16). 68.
Blutbach 102.
Bodenfelde 34. 25. 70.
Bodenwerder 7. 18. 53 (Abb. 57). 55 (Abb. 60). 78. 82. 83.
Bölhorst 104.
Bonenburg 7.
Borgentreich 7.
Borgholzhausen 10. 112. 114.
Borgholzhausen, Paß von 112.
Bornstapel 120.
Brackwede 14. 115.
Brakel 7. 18. 124.
Brakelsiek 123.
Bramburg (Berg) 12. 74.
Bramburg (Ruine) 70.
Bramsche 107.
Bramwald 34. 68. 73.
Braunkohle s. Kohlen.
Braunschweig 62.
Breitenstein 82.
Bremer Böcke 96.
Bremer Straße 48 (Abb. 50).
Brevörde 83.
Brinke 90.
Brochterbecker Schlucht 112.
Brukterer 56.
Brunkensen 88.
Brunsberg 80.
Buche 31.
Bückeburg 5. 9. 13. 91. 92.
Bückeburg 9. 61 (Abb. 66). 63 (Abb. 68). 64 (Abb. 69). 93. 94.
Bückeburger Aue 5. 93.
Bückeburger Tracht 54. 55.
Büffel 55.
Bullen 96.
Buke 11.
Bütefaß 33.
Bünde 108.
Burgberg 82.
Burgen 57.
Bursfelde 40 (Abb. 40). 41 (Abb. 41). 70.
Bursfelder Kongregation 70.

Carlshafen 25. 26. 35. 42 (Abb. 43). 68. 70. 72. 75. 76.
Chatten 56.
Cherusker 56.
Coppenbrügge 8. 18. 86. 87.
Corvey 50 (Abb. 53 u. 54). 59. 62. 80.

Dachtelfeld 102.
Dampfschiffahrt 67.
Danterser Mühle 71 (Abb. 76).
Dassel 62. 76.
Deister 4. 5. 9. 10. 13. 19. 90. 92.
Deister, Kleiner 90.
Deisterpforte 90.

Dellichausen 75.
Delligsen 87.
Desenberg 11.
Detmold 10. 15 (Abb. 12). 59. 102 (Abb. 106). 103 (Abb. 107). 116.
Diele 28 (Abb. 25). 30 (Abb. 27). 46.
Dielmisser Felsen 8. 87.
Diemel 26. 72. 74. 110.
Diluviale Vereisung 12.
Dissen 114.
Dogger 8.
Dohlensteinmühle 83.
Dolmen 108.
Donoper Teich 103 (Abb. 107). 116.
Dörenberg 10. 108. 112.
Dörenschlucht 112. 116.
Dörenther Klippen 112.
Dortmund-Ems-Kanal 112.
Dralenberg 89.
Transberg 73.
Transfeld 73.
Transfelder Höhenland 5. 26. 73.
Treitaiserturm 112.
Triburg 58. 119.
Tringenberg 124.
Tuingen 87.
Tuinger Berg 18.
Tünenlandschaft 12 (Abb. 8). 13 (Abb. 9).
Turrbeke 22.
Turilith 108.
Dürre Holzminde 22.
Tyas 7.

Ebersberg 90.
Ebersnacken 78.
Egge-Gebirge 4. 5. 6 (Abb. 2). 11. 13. 20. 110. 119.
Eibe 21 (Abb. 17). 28. 82.
Eiche 31.
Eichenberg 5.
Eilsen 9. 93.
Einbeck 8. 46 (Abb. 48). 47. (Abb. 49). 76.
Einbeck-Markoldendorfer Becken 18.
Einzelhof 43.
Eisbergen 33. 34.
Eiszeit (Vereisung) 12.
Eißen 11.
Elsas 5. 7. 18. 77.
Elfe 26. 107.
Elze 18. 89.
Emmer 26. 82. 84. 94. 119.
Emmertal 120. 121.
Enger 39. 101 (Abb. 105). 115.
Engern 12.
Erder 25. 99. 100.
Eresburg 59.
Erichsburg 76.
Esch 43.

Register. 129

Eschershausen 8. 57 (Abb. 62).
 39. 86. 87.
Espolde 76.
Esse 72.
Everstein 62. 82.
Exten 32 (Abb. 29). 73 (Abb.
 78). 100.
Exter 26. 100.
Externsteine 10. 110 (Abb.
 113). 111 (Abb. 114). 116.
 118.

Fahrenberg 11.
Fallenburg 116.
Falkenhagen 17. 122.
Feldrom 11.
Fischbeck 99.
Flurzwang 38.
Forst, Domäne 24. 82.
Forstbach 24. 77. 78.
Forstkultur 30.
Fort George 98.
Fränkisches Haus 44.
Fredelsloh 76.
Freden 87.
Freden, Großer 112.
Friesat 55.
Friewohle 76.
Friller Tracht 55.
Fulda 22. 37 (Abb. 36).
Fürstenberg 49 (Abb. 52). 75.
 79. 80.

Gahrenberg 11. 73.
Garnwindelstein 87.
Gehöft s. Bauernhof.
Gehrdener Berg 10.
Geologie 5 ff.
George, Fort 98.
Georgs-Marien-Bergwerks-
 und Hüttenverein 108.
Georgsmarienhütte 7. 108.
Germanen 56.
Gertrudenberg 110.
Geschichte 56 ff.
Gesmold 26.
Gewissenruh 44. 70.
Glene 86. 88.
Gohfeld-Mennighüffen 106.
Gottestreu 70.
Gottsbüren 74.
Grevenalveshagen 92.
Grohnde 82. 83.
Große Blöße 75.
Großer Hünenring 116.
Großer Freden 112.
Groß-Freden 18.
Großer Sohl 88.
Grotenburg 10. 15 (Abb. 12).
Grubenhagen 76.
Grubenhagener Berge 5.
Grünenplan 11. 84. 89.

Hagelstürme 64.
Hagen, Hoher 12. 44 (Abb.
 45). 73.
Hagenohsen 84.
Hahlen 25. 36.

Halle 50. 94 (Abb. 98). 112.
 114.
Hallermund 62. 90.
Hamel, Fl. 26. 94.
Hameler Loch 94.
Hameln 8. 12. 25. 35. 58. 65
 (Abb. 70) bis 68 (Abb. 73).
 94. 98. 99.
Hämelschenburg 67 (Abb. 72).
 98.
Hammersluft 8.
Hannover, Prov. 62.
Hardegsen 76.
Harrl 9. 93. 94.
Hartröhren 26.
Hase 26. 106. 107.
Hasselburg 18.
Hastenbeck 84.
Hausberge 25. 104.
Hausformen 44.
Hausindustrie 106.
Hedemünden 24.
Hehlen 56 (Abb. 61). 83.
Heimberg 11.
Heinrichshagen 78.
Heisterberg 19.
Heisterburg 58. 90.
Helmarshausen 43 (Abb. 44).
 72.
Hemeln 70.
Hemmendorf 92.
Herbram 11.
Herford 59. 62. 106. 115.
Herlingsburg 58.
Hermannsborn 15.
Hermannsdenkmal 2 (Abb. 1).
 15 (Abb. 12). 105 (Abb.
 109). 109 (Abb. 112). 116.
Herrmannsberg 8.
Herste 15.
Herstelle 24. 59. 68. 72. 78.
Hessendorf 44.
Hessen-Nassau 62.
Hessischer Typus 55.
Hessisch-Oldendorf 57. 99.
Hetha 80.
Heuerlinge 36.
Hildesheim (Bistum) 62.
Hille 46.
Hils 5. 10. 12. 13. 18. 20. 26.
 84. 87. 88.
Hilwartshausen 70.
Hinterhang 96.
Hochmoore 75.
Hof s. Bauernhof.
Hohenbüchen 88.
Hohenstein 8. 79 (Abb. 82).
 102.
Hoher Asch 120.
Hoher Hagen 12. 44 (Abb.
 45). 73.
Holter Sattel 16.
Holzindustrie 35.
Holzkohle 33.
Holzminde 75. 78.
Holzminden 18. 81.
Holzmühle 90.

Homburg, Geb. 5. 7. 18. 76.
 77.
Homburg, Ort 62.
Hooptal 77.
Horn 10. 110. 118.
Höxter 18. 51 (Abb. 55). 62.
 80. 81. 103.
Höxtersches Höhenland 5. 79.
 119.
Huckberg 110.
Hugenotten 42 (Abb. 42).
Hüggel 7. 108. 112.
Hülsede 78 (Abb. 81).
Humme 26. 84. 94.
Hünenburg 10. 112.
Hünenring 116.
Hunte 26.
Hüssenberg 11.

Ibbenbüren 62. 108. 112.
Ibbenbürener Bergplatte 7.
Iburg b. Driburg 58. 119.
Iburg b. Osnabrück 10. 91.
 92 (Abb. 95). 112. 114.
Iburg, Paß von 112.
Idistavisus 57. 102.
Idtberg 11.
Ilme 75. 76.
Inseln 25.
Ith 7. 8. 12. 13. 18. 20. 58
 (Abb. 63). 84. 86.

Jakobsberg 103.
Jakobsklippe 103.
Johannaberg 116.
Johannisberg 112.
Jura 8.

Kahnstein 8. 12. 18. 87.
Kaierde 11. 35.
Kaiser Wilhelm-Denkmal 84
 (Abb. 87). 104.
Kali 76.
Kalkriese 27 (Abb. 24).
Kammersteine 87.
Kämpe 28. 43.
Karlsschanze 58.
Karlssteine 108.
Kathrinhagen 92.
Kaufunger Wald 4.
Kelten 56.
Kemnade 83.
Kissing 68.
Kirchohsen 84.
Kleine Porta 100.
Kleiner Deister 5. 90.
Kleiner Hünenring 116.
Klima 19 ff.
Klümpje 74.
Klus 9.
Klüt 8. 98.
Kohlenbergbau 75. 90. 91. 92.
Kohlenbrennerei 34.
Kohlenmeiler 22 (Abb. 18).
 24 (Abb. 20 u. 21).
Kohlensandstein 108.

Reißert, Das Weserbergland. 9

Register.

Kohlensäuresprudel 16 (Abb. 13).
Köhlerhütte 23 (Abb. 19).
Königstuhle 39.
Königszinne 55 (Abb. 60). 78.
Köterberg 8. 16 (Abb. 14). 20. 120.
Kralle 55.
Krebshagen 92.
Kreideformation 9.
Krukenburg 43 (Abb. 44). 72.
Külf 18.

Lachsfang 96.
Lage 120.
Landgrafenküche 89.
Lange Wand 77 (Abb. 80). 82 (Abb. 85).
Laten 38.
Lauenförde 35. 79.
Lauenstein 60 (Abb. 65). 87.
Leggen (Bleichen) 114.
Leibzucht 41.
Leine 7. 26. 75.
Leinenweberei 114.
Lemgo 8. 113 (Abb. 115) bis 117 (Abb. 117). 121. 122.
Lemgoer Mark 8. 120.
Lenne 26. 83. 86.
Lewenhagen 73.
Lias 8.
Lichtheupte 116.
Lindhorster Typus 55.
Linnenbecke 29 (Abb. 26).
Lippe 62.
Lippische Porta 100.
Lippischer Wald 12 (Abb. 8). 111. 116.
Lippisches Hügelland 5. 119.
Lippoldsberg 70.
Lippoldshöhle 88.
Löhne 100. 108.
Lübbecke 58. 59. 103. 106. 107.
Lügde 59. 119 (Abb. 119). 120. 121.
Luhdener Klippe 8. 77 (Abb. 80). 82 (Abb. 85). 103.

Malm 8.
Margaretenkrug 104.
Marienmünster 122.
Markloh 59.
Markoldendorf 8.
Marsberg 59.
Mast 98.
Meier 38.
Meinberg 15. 121.
Meinsen 33.
Meißner 4.
Melle 108.
Minden 55. 58. 59. 62. 85 (Abb. 88). 86 (Abb. 89). 104. 106.
Möllenbeck 77 (Abb. 80). 101.
Mönchstein 8. 87.
Moosberg 75. 76.

Mörth 120. 122.
Münden 5. 24. 35. 37 (Abb. 36) bis 39 (Abb. 39). 63 ff.
Mündener Stapelrecht 66. 72.
Münder 19. 101.
Mushaus 76.

Nammer Klippe 103.
Nenndorf 19. 55. 91. 101.
Nesselberg 9. 10 (Abb. 5 u. 6). 18. 89.
Nethe 26. 78. 119. 120.
Nethegau 4. 123. 124.
Neuenheerse 119.
Neuenkirchen 17.
Niedersächsisch-Plattdeutsch 60.
Niederscheden 26 (Abb. 23).
Niederschlagsverhältnisse 20.
Nieme 68. 70. 73.
Nienover 76.
Northeim 62.

Obensburg 18. 58. 84. 89.
Obernkirchen 9. 91. 92.
Oeynhausen 17. 88 (Abb. 91). 100. 107.
Ohr 84.
Ohrberg 84. 98.
Ohsen 25. 82.
Oldenburg 122.
Oldendorf, Hessisch- 57. 99.
Orlinghausen 9. 110. 116.
Ortschaften 43.
Osnabrück 58. 59. 89 (Abb. 92). 90 (Abb. 93). 108.
Osnabrückisches Hügelland 5.
Osnegge 110.
Osning 5. 11. 12. 13. 14 (Abb. 10). 108. 110. 112.
Osterkappeln 107.
Osterwald, Dorf 89.
Osterwald, Geb. 5. 9. 10. 18. 89.
Ostfalen 57.

Paderborn 58. 59.
Paderborn (Bistum) 62.
Paderborner Hochfläche 5.
Papenbrink 77 (Abb. 80). 103.
Papin, Dionysius 67.
Paschenburg 80 (Abb. 83). 102.
Piesberg 7. 16. 17. 108. 112.
Plattdeutsch 60.
Polle 17. 54 (Abb. 58). 82.
Poppenstein 8.
Porta Westfalica (Westfälische Pforte) 5. 8. 12. 25. 57. 83 (Abb. 86). 84 (Abb. 87). 100. 103. 104.
Porta, Kleine oder Lippische 100.
Pottaschegewinnung 33.
Preußen 62.
Pyrmont 7. 17. 62. 118 (Abb. 118). 119. 120. 121. 122.

Rattenfängerhaus 66 (Abb. 71). 98.
Ravensberg 62. 93 (Abb. 96 u. 97). 95 (Abb. 99). 112. 114.
Ravensbergisches Hügelland 5.
Rehme 25. 107.
Reihendörfer 44.
Reinhardswald 4. 5. 11. 18. 31. 45 (Abb. 47). 63. 68. 73. 74.
Remte 94.
Reuberg 88.
Rinteln 69 (Abb. 74) bis 71 (Abb. 76). 91. 99. 100.
Roden 62.
Rodenberg 91.
Rodenberger Aue 26. 91.
Rosental 102.
Rotenstein 59 (Abb. 64). 87.
Rottmünde 75.
Rühle 82. 83.
Rulle 58.

Saale 86.
Sababurg 11. 73.
Sachsen 57.
Sachsenlager 58. 116.
Sächsisches Haus 45.
Salzhemmendorf 87.
Salzuflen 17. 120.
Sandebeck 12.
Sandsteine 81. 91.
Sattelmeierhöfe 39. 25 (Abb. 22).
Sankörnung 62 (Abb. 67).
Saupark 9. 10 (Abb. 5 u. 6). 13. 18. 90.
Schafberg 108. 112.
Schalksburg 104.
Schauenstein 92.
Schaumburg 59. 62. 80 (Abb. 83). 102.
Schaumburg, Grafschaft 99.
Schaumburger Tracht 56.
Schaumburg-Lippe 62.
Schecken 18. 84.
Scheckenpaß 89.
Schede 8.
Schieder 58. 59. 122.
Schierlaken 55.
Schildesche 115.
Schledehausen 108.
Schwalenberg 62. 120 (Abb. 120). 121 (Abb. 121). 122.
Schwalenberger Wald 8. 120.
Schwaney 11.
Schwöbber 98.
Schwülme 26. 68. 70. 74. 75.
Selter 8. 13. 18. 87.
Sieburg 72.
Siedelungsformen 38.
Sikroburg 122.
Solling 4. 5. 7. 12. 18. 20. 31. 34. 43 (Abb. 44). 74. 75. 76. 81.

Sollinger Wald 18.
Sooldorf 19.
Sparenberg 98 (Abb. 101). 114.
Spiegelberg 62.
Springe 9. 18. 35 62 (Abb. 67). 90.
Stadthagen 10. 92.
Stadtoldendorf 7. 76.
Stapelrecht, Mündener 66. 72.
Staufenberg 11. 73.
Steinbergen 103.
Steinbrüche 108.
Steingräber 108.
Steinmühle 54 (Abb. 59). 83.
Steinsalz 75.
Stemberg 10.
Stemmer Berg 10.
Sternberg 62. 122.
Sternberger Höhen 120.
Süntel 5. 7. 9. 13. 20. 26. 59. 65 (Abb. 70). 79 (Abb. 82). 91. 92. 101. 107.
Süntelbuche 78 (Abb. 81). 101.
Süntelturm 101.

Tabakfabrikation 106.
Tanzwerder 67.
Taubenberg 69 (Abb. 74). 100. 120.
Tecklenburg 62. 91 (Abb. 94). 112. 114.
Temperaturverhältnisse 19 ff.
Tertiär 11.
Teufelskanzel 102.
Teufelsküche 87.
Teutoburg 57. 116.
Teutoburger Wald 4. 9. 11 (Abb. 7). 13 (Abb. 9). 14 (Abb. 10). 13. 20. 57. 95 (Abb. 99). 110. 111.

Theotmalli 116.
Thüster Berg 18.
Tillyschanze 63.
Tönniesberg 103.
Tönsberg 10. 116.
Totenberg 73.
Totental 102.
Trachten s. Volkstrachten.
Treideschiffahrt 98.
Trendelburg 45 (Abb. 46). 74.
Trias 7.
Twielbiäte 26.

Uffeln 35.
Uslar 76.

Varenholz 75. 101.
Varusschlacht 111.
Veckerhagen 68.
Velmerstot 110. 119.
Vinsebeck 15.
Vlotho 17. 72 (Abb. 77). 100.
Vogler 5. 7. 18. 34. 77. 78. 82. 83. 86.
Voldagsen 87.
Volksen 31 (Abb. 28).
Volkstrachten 33 (Abb. 30) bis 36 (Abb. 35). 54.
Völmerstot s. Velmerstot.
Volpriehausen 75. 76.

Wackelstein 87.
Wald 27 ff.
Waldeck 122.
Waldeck-Pyrmont 62.
Wallücke 107. 108.
Wangelist 98 (Abb. 73).
Warburg 11.
Warburger Börde 5. 7. 11. 119.
Wealdenkohle 91. 104.
Wehrden 79.
Weibeck 102.

Weinbau 103.
Weißer Stein 89.
Wendhagen 92.
Weper 5.
Werra 22.
Werre 7. 26. 107. 115. 119.
Wertheim 35.
Werther 114.
Weser 22 ff. 63 ff. 75. 100. 107.
Wesergebirge 13. 19.
Weserkette 9 (Abb. 4). 77 (Abb. 80). 82 (Abb. 85). 102.
Wesermühlen-Aktiengesellschaft 68. 96.
Weserstein 67.
Westerberg 110.
Westfalen 57. 62.
Westfälische Pforte s. Porta Westfalica.
Westfälisch-Plattdeutsch 60.
Wickensen 77.
Wiehengebirge 5. 16. 17 (Abb. 15). 20. 72 (Abb. 77). 87 (Abb. 90). 91. 104. 107.
Wiem 46.
Wiente 123.
Willebadessen 58.
Windfedern 45.
Winterberg 8.
Wispe 86. 88.
Wittekind 58. 108. 115.
Wittekindsberg 57. 107.
Wittekindsburg 58.
Wittekinds Grabmal 101 (Abb. 105). 115.
Wittekindskapelle 104.
Wittekindsquelle 104.

Zappenburg 73.
Zelle, Bloße 11. 88.
Ziegelei 122. 123.
Zwieselbach 26.

KARTE DES WESERBERGLANDES.